机电工程管理与实务

案例通关题集

嗨学网考试命题研究组 ◎编

北京理工大学出版社
BEIJING INSTITUTE OF TECHNOLOGY PRESS

版权专有　侵权必究

图书在版编目（CIP）数据

机电工程管理与实务．案例通关题集/嗨学网考试命题研究组编．-- 北京：北京理工大学出版社，2024.6.
ISBN 978-7-5763-4278-9

Ⅰ．TH-44

中国国家版本馆 CIP 数据核字第 2024MV3827 号

责任编辑：王梦春	文案编辑：杜　枝
责任校对：周瑞红	责任印制：边心超

出版发行 /	北京理工大学出版社有限责任公司
社　　址 /	北京市丰台区四合庄路 6 号
邮　　编 /	100070
电　　话 /	（010）68944451（大众售后服务热线）
	（010）68912824（大众售后服务热线）
网　　址 /	http://www.bitpress.com.cn
版 印 次 /	2024 年 6 月第 1 版第 1 次印刷
印　　刷 /	天津市永盈印刷有限公司
开　　本 /	787 mm×1092 mm　1/16
印　　张 /	9.25
字　　数 /	202 千字
定　　价 /	58.00 元

图书出现印装质量问题，请拨打售后服务热线，本社负责调换

目录 CONTENTS

案例 1 ········· 1	案例 23 ········· 39
案例 2 ········· 3	案例 24 ········· 41
案例 3 ········· 5	案例 25 ········· 42
案例 4 ········· 6	案例 26 ········· 44
案例 5 ········· 8	案例 27 ········· 46
案例 6 ········· 10	案例 28 ········· 48
案例 7 ········· 11	案例 29 ········· 50
案例 8 ········· 13	案例 30 ········· 52
案例 9 ········· 15	案例 31 ········· 54
案例 10 ········· 16	案例 32 ········· 55
案例 11 ········· 18	案例 33 ········· 58
案例 12 ········· 20	案例 34 ········· 59
案例 13 ········· 22	案例 35 ········· 61
案例 14 ········· 23	案例 36 ········· 63
案例 15 ········· 25	案例 37 ········· 64
案例 16 ········· 27	案例 38 ········· 66
案例 17 ········· 29	案例 39 ········· 68
案例 18 ········· 31	案例 40 ········· 70
案例 19 ········· 33	案例 41 ········· 71
案例 20 ········· 34	案例 42 ········· 73
案例 21 ········· 36	案例 43 ········· 75
案例 22 ········· 38	案例 44 ········· 76

案例 45	78	案例 54	93
案例 46	79	案例 55	95
案例 47	81	案例 56	97
案例 48	83	案例 57	98
案例 49	84	案例 58	100
案例 50	86	案例 59	102
案例 51	88	案例 60	103
案例 52	89		
案例 53	91	参考答案	106

案例 1

【背景资料】

某项目建设单位与A公司签订了氢气压缩机厂房建筑及机电工程施工总承包合同,工程内容包括设备及钢结构厂房基础施工、配电室建筑施工、厂房钢结构制造和安装、一台20t通用桥式起重机安装、一台活塞式氢气压缩机及配套设备安装、氢气管道和自动化仪表控制装置安装。

经建设单位同意,A公司将设备及钢结构厂房基础施工和配电室建筑施工分包给B公司;钢结构厂房、桥式起重机、压缩机及进出口配管如图1所示。

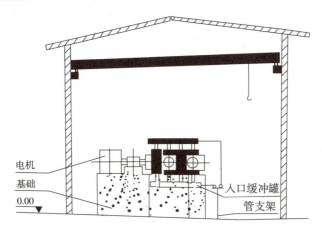

图1 钢结构厂房、桥式起重机、压缩机及进出口配管示意图

A公司编制的压缩机及工艺管道施工程序:压缩机临时就位→( )→压缩机固定与灌浆→( )→管道焊接→……→( )→氢气管道吹洗→( )→中间交接。

B公司首先完成压缩机基础施工,与A公司办理中间交接时,共同复核了标注在中心标板上的安装基准线和埋设在基础边缘的标高基准点。

A公司编制的起重机安装专项施工方案中,采用两根钢丝绳分别单股捆扎起重机大梁,用单台50t汽车起重机吊装就位,对吊装作业进行危险源辨识,分析其危险因素,制定预防控制措施。

A公司依据施工质量管理策划的要求和压力管道质量保证手册的规定,对焊接过程的六个质量控制环节(焊工、焊接材料、焊接工艺评定、焊接工艺、焊接作业、焊接返修)设置质量控制点,对质量控制实施有效管理。

电动机试运行前，A公司与监理单位、建设单位对电动机绕组绝缘电阻、电源开关、启动设备和控制装置等进行了检查，结果符合要求。

【问题】

1. 依据A公司编制的施工程序，分别写出压缩机固定与灌浆、氢气管道吹洗的紧前工序和紧后工序。

2. 标注的安装基准线包括哪两条中心线？测试安装标高基准线一般采用哪种测量仪器？

3. A公司编制的起重机安装专项施工方案中，防止吊索钢丝绳断脱和汽车起重机侧翻的控制措施有哪些？

4. 电动机试运行前，对电动机安装和保护接地的检查项目还有哪些？

案例 2

【背景资料】

某安装公司承接一商业中心的建筑智能化工程的施工。工程内容包括建筑设备监控系统施工、安全技术防范系统施工、公共广播系统施工、防雷与接地系统施工、机房工程施工。

安装公司项目部进场后,首先了解了商业中心建筑的基本情况、建筑设备安装位置、控制方式和技术要求等,依据监控产品进行深化设计;再依据商业中心工程的施工总进度计划,编制了建筑智能化工程的施工进度计划,如表1所示,该进度计划在报安装公司审批时被否定,要求重新编制。

表1 建筑智能化工程的施工进度计划

序号	工序	5月			6月			7月			8月			9月		
		1	11	21	1	11	21	1	11	21	1	11	21	1	11	21
1	建筑设备监控系统施工																
2	安全技术防范系统施工																
3	公共广播系统施工																
4	机房工程施工																
5	系统检测																
6	系统试运行调试																
7	验收移交																

项目部根据施工图纸和施工进度计划编制了设备材料供应计划,在材料送达施工现场时,施工人员按验收工作的规定对设备材料进行了验收,还对重要的监控部件进行了复检,均符合要求。

项目部依据工程技术文件和智能建筑工程质量验收规范,编制了建筑智能化工程系统检测方案,该检测方案经建设单位批准后实施,分项工程、子分部工程的检测结果均符合规范规定,检测记录的填写及签字确认均符合要求。

在工程质量验收中,发现机房和弱电井的接地干线搭接不符合施工质量验收规范的要求,如图2所示,监理工程师对40×4镀锌扁钢的焊接搭接提出整改要求,项目部返工后通过验收。

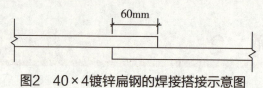

图2 40×4镀锌扁钢的焊接搭接示意图

【问题】

1. 写出建筑设备监控系统深化设计的紧前工序。深化设计应具有哪些基本要求?

2. 项目部编制的施工进度计划为什么被安装公司否定?这种施工进度计划的表达方式有哪些缺点?

3. 材料进场验收及复检有哪些要求?验收工作应按哪些规定进行?

4. 给出正确的扁钢焊接搭接示意图。扁钢与扁钢搭接至少几面施焊?

5. 本工程系统检测合格后,需填写几个子分部工程检测记录?检测记录应由谁来作出检测结论和签字确认?

案例 3

【背景资料】

某公司承接某电厂的超低排放改造项目,工程内容包括脱硫系统改造、新增烟气换热系统及湿式电除尘系统安装。

开工前,项目部编制了项目质量计划,质量计划中现场质量检查的内容包括开工条件检查、停复工检查和分部分项工程检查,项目技术负责人审查后,认为质量计划中的现场质量检查的内容不完整,需补充完善。

湿式电除尘器设备框架为四层钢架,采用高强度螺栓连接,在钢架基础复查和构件验收合格,相关资料准备完毕,向监理工程师申请开工时,被要求补齐高强度螺栓连接摩擦面的相关试验报告。钢架施工时为了施测方便,第二层钢柱定位以第一层钢柱柱顶中心为基准,二层钢架安装完成后,检查发现钢架的安装误差超标,分析是累积误差过大所致。

烟气换热系统的补给水管道设计为1.6MPa、DN150的不锈钢管道,项目部编制了补给水管道的水压试验方案:使用除盐水作为试验介质,试压时缓慢升压至试验压力1.84MPa后,稳压10min,再将试验压力降至设计压力稳压30min,如果无压降、无渗漏,则水压试验合格。水压试验前,施工人员在拆除弹簧支架的定位销时,被监理工程师制止。

浆液循环泵安装完毕,为了便于试运行后联轴器的检查,泵体找正时,拆掉的联轴器防护罩暂不进行安装。在准备试运行时,被现场巡视的监理工程师制止,认为试运行环境不符合安全要求。

【问题】

1.质量计划中现场质量检查还需补充哪些内容?

2.需要补齐高强度螺栓连接摩擦面的哪种试验报告?如何避免钢架定位的累积误差?

3.指出水压试验方案中存在的错误之处并进行改正。为什么弹簧支架定位销的拆除被监理工程师制止?

4.说明浆液循环泵试运行被监理工程师制止的原因,试运行过程中应测量和记录浆液循环泵轴承的哪些参数?

案例 4

【背景资料】

A公司承包某商务园区电气工程,工程内容包括10/0.4-LN9731型变电所和供电线路的施工。室内主要电气设备(三相变压器、开关柜等)由建设单位采购,设备已运抵施工现场,其他设备材料由A公司采购。

A公司依据施工图和资源配置计划编制了变电所安装工作的逻辑关系及持续时间表(见表2)。

表2 10/0.4-LN9731型变电所安装工作的逻辑关系及持续时间

代号	工作内容	紧前工作	持续时间/d	可压缩时间/d
A	基础框架安装	—	10	3
B	接地干线安装	—	10	2
C	桥架安装	A	8	3
D	变压器安装	AB	10	2
E	开关柜、配电柜安装	AB	15	3
F	电缆敷设	CDE	8	2

续表

G	母线安装	DE	11	2
H	二次线路敷设	E	4	1
I	试验调整	FGH	20	3
J	计量仪表安装	GH	2	—
K	试运行验收	IJ	2	—

A公司将3000m电缆排管施工分包给B公司，预算单价为130元/m，工期30天，B公司签订合同后的第15天结束前，A公司检查电缆排管施工进度，得知B公司只完成电缆排管1000m，但支付给B公司的工程进度款累计已达200000元，A公司对B公司提出警告，要求B公司加快施工进度。

已完工程预算费用：BCWP=Budgeted Cost for Work Performed

已完工程实际费用：ACWP=Actual Cost for Work Performed

计划工程预算费用：BCWS=Budgeted Cost for Work Scheduled

$CV=BCWP-ACWP=1000 \times 130-200000=-70000$

$SV=BCWP-BCWS=1000 \times 130-100 \times 15 \times 130=-65000$

$CPI=BCWP/ACWP=1000 \times 130/200000=0.65$

$SPI=BCWP/BCWS=1000 \times 130/100 \times 15 \times 130=0.67$

A公司对B公司进行施工质量管理协调，编制的质量检验计划与电缆排管施工进度计划一致。A公司检查电缆的规格型号、绝缘电阻和绝缘试验均符合要求，在电缆排管检查合格后，按施工图进行电缆敷设，供电线路按设计要求完成。

变电所设备安装后，变压器及高压电器进行了交接试验，在额定电压下对变压器进行冲击合闸试验3次，每次间隔时间3min，无异常现象，A公司认为交接试验合格，被监理工程师提出异议，要求重新进行冲击合闸试验。建设单位要求变电所单独验收，给商务园区供电，A公司整理变电所工程验收资料，在试运行验收中，有一台变压器运行噪声较大，经有关部门检查分析及A公司提供施工文件证明不属于安装质量问题，后经变压器厂家调整处理通过验收。

【问题】

1.按表2计算变电所安装的计划工期，如果每项工作都按表压缩天数，变电所安装最多可以压缩到多少天？

2.计算B公司电缆排管施工的CPI和SPI,判断B公司电缆排管施工进度是提前还是落后。

3.电缆排管施工中的质量管理协调有哪些同步性作用?10kV电力电缆应做哪些试验?

4.变压器高低压绝缘电阻测量应分别用多少伏的兆欧表?监理工程师为什么提出异议?写出正确的冲击合闸试验要求。

5.变电所工程是否可以单独验收?试运行验收中发生的问题A公司可以提供哪些施工文件来证明不是安装质量问题?

案例 5

【背景资料】

某机电工程公司总承包了一项大型钢厂安装工程项目,工程范围包括机械设备安装工程、蒸汽排风机安装工程、电气安装工程、自动化安装工程等。由于工期较紧,项目部编制了施工组织设计，对工程进度、质量、安全和文明施工管理进行了重点控制。在施工过程中，施工单位成立了采购小组并组织专家专门对设备采购进行评审，进而选择合理的设备供应商，并签订供货合同。

在施工过程中，发生了如下事件：

（1）在某段管道施工过程中，施工图中要求的管道路径与原有设备位置存在重叠交叉，难以继续施工。因此，该项目部向设计单位提出设计变更要求，办理签认后进行了施工路径的更改。

（2）分包单位将承包工程中的真空泵房负荷试运行方案报监理工程师审查批准后，为抢进度，当即要求作业人员通电升机，被总承包单位技术、安全管理部门制止，要求纠正。

【问题】

1. 工程的总体质量计划应由谁来制订？其主要内容是什么？

2. 工程分包合同应明确分包单位的哪些安全管理职责？

3. 工程项目设计变更的具体程序是什么？

4. 总承包单位技术、安全管理部门制止分包单位实施真空泵房负荷试运行的原因是什么？

5.采购工作的原则是什么?设备采购文件由哪些文件组成?

案例 6

【背景资料】

某安装公司总承包了一大型化工厂压缩机组的设备安装工程,合同约定:安装公司负责大型压缩机组设备的采购、安装和试运行,并组织人员对设备进行开箱检查,验收压缩机组。

安装公司按照市场公平竞争和优选厂商的原则,就压缩机组的型号规格、数量、技术标准、到货地点、质量保证、运输手段、结算方式和产品价格与国外供货商签订了设备供货合同。安装公司派有经验的技术人员到国外驻厂进行设备监造,并审核了制定的质量保证体系文件。

压缩机组经进口设备运达施工现场后,安装公司组织人员对设备进行开箱检查验收。验收合格后,施工人员按照施工进度计划的安排和设备安装程序进行了安装就位,最后进入该工程项目的试运行阶段。

安装公司在试运行阶段前期对技术、组织和物资三个方面做了充分的准备工作。建设单位要求安装公司组织并实施单体试运行和联动试运行,由设计单位编制试运行方案。

联动试运行前进行了检查并确认:(1)已编制了试运行方案和操作规程;(2)建立了试运行组织,参加试运行人员已熟知运行工艺和安全操作规程,工程及资源环境的其余条件均已满足要求。符合要求后进行了设备的联动试运行。

【问题】

1.审核的设备监造质量保证体系文件应包括哪些内容?

2.进口设备验收及进场验收有哪些规定？

3.设备验收有哪些主要依据？设备验收应包括哪些主要内容？

4.安装公司在试运行阶段前期所做的技术准备包括哪些内容？

5.按照试运行阶段的分工原则和试运行的条件，指出题目背景中的不妥之处并阐述正确的做法。

案例 7

【背景资料】

某工业安装工程项目，工程内容包括工艺管道、设备、电气及自动化仪表安装调试。

工程的循环水泵为离心泵，两用一备，泵的吸入管道和排出管道均设置了独立且牢固的支架；泵的吸入口和排出口均设置了变径管，变径管的长度为管径差的6倍；泵的水平吸入管向泵的吸入口方向倾斜，倾斜度为8‰，泵的吸入口前直管段长度为吸入口直径的5倍，水泵扬程为80m。

监理工程师在进行质量检查时，发现水泵的吸入管路和排出管路上存在着管件错用、管件漏装和安装位置错误等质量问题，如图3所示，不符合规范要求，要求项目部进行整改。随后，上级公司对项目进行质量检查时发现，项目部未编制水泵安装质量预控方案。

本工程的工艺管道设计材质为12CrMo（铬钼合金钢），在材料采购时，施工所在地的钢材市场无现货，只有15CrMo材质钢管，且规格型号符合设计要求，由于工期紧张，项目部采取了材料代用。

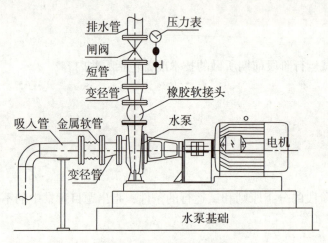

图3 水泵安装示意图

【问题】

1.指出图3中管件安装的质量问题，并说明应如何整改？

2.水泵安装质量预控方案包括哪几方面的内容？

3.写出工艺管道材料代用需要办理的手续。

4.15CrMo钢管的进场验收有哪些要求？

案例 8

【背景资料】

全厂地下管网由A公司总承包，其中有循环回水和雨水管道，循环供水管道采用焊接钢管，规格为$\phi 1200 \times 12mm$，材质Q235，其内外表面均要求防腐，水泥砂浆内防腐和环氧煤沥青涂料加强级外防腐。

施工时先集中分段预制组焊防腐，再现场组对安装，在预制场内涂装作业区入口、动火作业点均设置了禁止标志。地下管网局部平面布置示意图如图4所示。

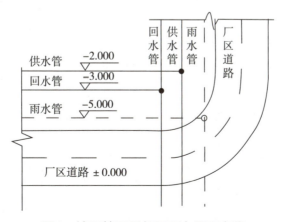

图4 地下管网局部平面布置示意图

开工后，A公司配置有激光准直仪、激光铅直仪、激光经纬仪、激光水准仪、激光平面仪，设置了测量基准，包含若干便于观测、不易被扰动且牢固的临时水准点和管道轴线控制桩；对建设单位移交桩进行了复核测量，并经双方人员认定。

A公司编制的循环水管道焊接工艺作业指导书，规定了焊接方法、坡口几何尺寸、接头组对允许偏差，指导焊工圆满完成焊接任务。

A公司辨识出地下管网沟槽机械开挖、钢管安装、钢管内外防腐全过程施工安全重大危险源，并编制了危险性较大的分部分项工程安全专项施工方案，保证了施工安全。

【问题】

1.在预制场内涂装作业区入口及动火点设置的禁止标志的内容分别是什么？

2.确定管道起点、终点和转折点坐标以及管顶标高分别使用哪一种测量仪器？

3.本工程在编制焊接工艺作业指导书时，可以选用哪些焊接方法？

4.图4中地下管网在施工过程中存在哪些重大危险源？

案例 9

【背景资料】

A公司中标承建沿海一大型电力装备制造厂的全部机电工程,总承包合同约定:A公司除完成关键设备安装外,其余公用工程和辅助工程可自行分包给各专业公司施工,A公司实行总承包管理,对全面履行总承包合同负责。为此A公司成立了综合调度机构。

在一次例行的全场实地检查中,发现时值台风季节,海边的排水泵房正破土动工,调度机构要求停工另择时机开工。

在落实施工进度计划时,总承包单位发现B分包单位的循环水管网的施工进度计划与建设总进度计划安排不符。

A公司对室外蒸汽管网进行检查时,发现在未收到B分包单位试压报告,现场亦没有作业指导书的情况下已在保温施工,随即叫停了施工。

在制氧站检查试运转活动的防治方案时,B分包单位为降低"三废"排放的污染量,制定了防治方案,但对已产生的"三废"如何进行正确妥善处置,防止二次污染的方案仍不完善,立即要求整改。

现场发现废油的排放处理不符合当地环保管理部门的规定,并对试运行的组织准备做了详细的审核。

【问题】

1.调度机构为什么要求海边排水泵房另择时机破土动工?

2.分包单位循环水管网的施工进度计划与建设总进度计划安排不符,是哪个管理环节失控?说明正确的做法。

3.室外蒸汽管网保温施工为什么叫停？应何时保温？

4."三废"的排放应怎样正确处理？

5.审核试运行组织准备的重点是什么？

案例 10

【背景资料】

A公司中标某工业改建工程，合同内容包含厂区内所有的设备及工艺管线安装等施工总承包。A公司进场后，根据工程特点对工程合同进行了分析管理，将其中亏损风险较大的部分，即埋地工艺管道（设计压力0.2MPa）的施工分包给具有相应资质的B公司。

A公司对B公司进行合同交底后，A公司派出代表对B公司从施工准备、进场施工、工序交验、工程保修以及技术等方面进行了管理。

B公司进场后，由于建设单位无法提供原厂区埋地管线图，B公司在施工时挖断供水管道，造成A公司65万元材料浸水无法使用，发生机械停滞总费用43万元，每天人员窝工费用4.8万元，工期延误25天，B公司机械停滞费用18万元。

管沟开挖完成后，当地发生疫情，导致所有员工被集中隔离，产生总隔离费用54万元，为此A公司向建设单位提交了工期及费用索赔文件。

B公司在埋地钢管施工完成后,编制了该部分管道的液压清洗方案,方案因工艺管道埋地部分设计未明确试验压力,所以拟用0.3MPa的试验压力进行试验,管道油清洗后采取保护措施,该方案被A公司否定。

A公司在卫生器具安装完成后,对某层卫生器具(检验批的水平度及垂直度)进行现场检验,共测量20个点,测量数据如表3所示。

表3 卫生器具测量数据表

名称	允许偏差/mm	测量值/mm								
卫生器具水平度	2	1.5	2	2.4	3.5	2	1.8	2	1.5	1.4	1.8
卫生器具垂直度	3	2.5	3	2	1.6	3.1	2	1.5	1.8	2.8	2

A公司在质量巡查中,发现工艺管道安装中的膨胀节内套焊缝、法兰及管道对口部位不符合规范要求,如图5所示,要求整改。

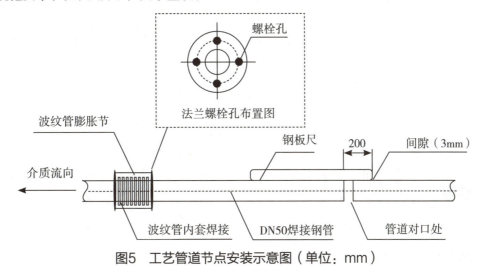

图5 工艺管道节点安装示意图(单位:mm)

【问题】

1.A公司还应从哪些方面对B公司进行全过程管理?

2.计算A公司可以索赔的费用,索赔成立的前提条件是什么?

3.该工程的埋地管道试验压力应为多少MPa？对清洗合格的管道应采取哪种保护措施？

4.卫生器具安装是否合格？说明理由。

5.说明A公司要求对工业管道安装进行整改的原因。

案例 11

【背景资料】

某机电安装公司承接一办公楼机电安装工程，工程内容包括建筑给排水、建筑电气、通风空调、建筑智能化系统等的安装。安装公司依据施工组织设计和施工方案编制了施工技术交底文件，并按层次、分阶段进行了技术交底。

项目质检员对已完成的照明工程进行检查，配电箱安装牢固，箱内回路名称标注清晰；在照明配电回路调试中，质检员发现部分回路负荷分配不合理（如图6所示），要求施工人员进行整改；照明灯具安装过程中，专业监理工程师检查发现灯具底座及导管吊架安装（如图7所示）不符合施工规范，要求整改。

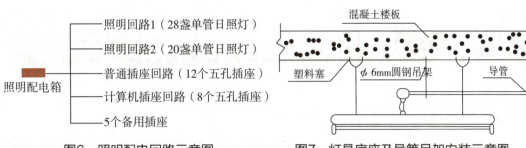

图6　照明配电回路示意图　　图7　灯具底座及导管吊架安装示意图

项目竣工验收前，监理工程师对机电安装工程的观感质量进行了验收，对于观感质量差的分部工程要求施工单位返修处理。

【问题】

1.施工技术交底的层次、阶段及交底形式应根据工程的哪些特点来确定？应在何时完成施工技术交底？

2.图7中灯具底座安装和导管吊架安装存在哪些错误？如何整改？

3.分部工程观感质量的验收方式有哪些？评判观感质量的依据是什么？

案例 12

【背景资料】

A公司承担某炼化项目的硫磺回收装置施工总承包任务,其中烟气脱硫系统包含的烟囱由外筒和内筒组成,外筒为钢筋混凝土筒壁,高145m;内筒为等直径自立式双管钢筒,高150m,内筒与外筒之间有8层钢结构平台,每层之间由钢梯连接,烟囱钢结构平台安装标高,如图8所示。

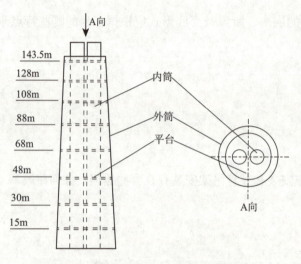

图8 烟囱钢结构平台安装标高示意图

钢筒的制造、检验和验收按《钢制焊接常压容器》(NB/T 47003.1—2009)的规定进行,钢筒材质为S31603+ Q345C;钢筒外壁基层表面的除锈质量达到Sa2.5级进行防腐,裙座以上设外保温层,裙座以下设内、外防火层。

A公司与B公司签订了烟囱钢结构平台及钢梯分包合同,与C公司签订了钢筒分段现场制造及安装分包合同,与D公司签订了钢筒防腐保温绝热分包合同。

施工前,A公司依据《建筑工程施工质量验收统一标准》(GB 50300—2013)和《工业安装工程施工质量验收统一标准》(GB/T 50252—2018)的规定,对烟囱工程进行了分部、分项工程的划分,并通过了建设单位的批准。

B公司施工前,编制了钢平台和钢梯吊装专项方案,利用烟囱外筒顶部预置的两根吊装钢梁,悬挂两套滑车组,通过在地面的两台卷扬机牵引滑车组提升钢平台和钢梯;编制方案时,通过分析不安全因素,识别出显性的和潜在的危险源。

C公司首次从事钢筒所用材质的焊接任务，进行了充分的焊接前技术准备，完成了焊接工作所必需的工艺文件，选择合格的焊工，验证施焊能力，顺利完成了钢筒的制造、组对焊接和检验等工作。

在钢筒外壁除锈前，D公司质量员对钢筒外表面进行了检查，外表面平整，同时还重点检查了焊缝表面，其中焊缝余高均小于2mm，且过渡平滑，满足施工质量验收规范的要求。

【问题】

1. 烟囱工程按验收统一标准可划分为哪几个分部工程？

2. 钢结构平台在吊装过程中，吊装设施的主要危险因素有哪些？

3. C公司在焊接前应完成哪几个焊接工艺文件？焊工应取得什么证书？

4. 钢筒外表面除锈应采取哪一种方法？在焊缝外表面的质量检查中，不允许存在的质量缺陷还有哪些？

案例 13

【背景资料】

某公司承接一体育馆机电安装工程,建筑高度35m,屋面结构为复杂钢结构,其下方布置空调除湿管道、虹吸雨水管道等机电管线,安装高度18~28m;混凝土预制看台板下方机电管线的吊架采用焊接H型钢作为转换支架,规格型号为WH350×350。

公司组建项目部,配备了项目负责人、项目技术负责人,其中现场施工管理人员包括施工员、材料员、安全员、质量员和资料员,项目部将人员名单、数量和培训情况上报,总包单位审查后认为人员配备不能满足项目管理的需求,要求补充。

在H型钢转换支架制作过程中,监理工程师检查发现有H型钢存在拼接不符合安装要求的情况,如图9所示,项目部组织施工人员返工后合格。体育馆除湿风管采用直径DN800的镀锌圆形螺旋缝风管,为外购风管,标准节长度为4m,总计140节,风管加工前进行现场实测实量,成品直接运至现场检验,合格后随即安装。

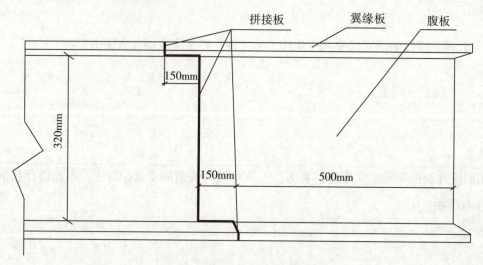

图9 H型钢现场拼接示意图

为加快进度和降低成本,项目部进行了风管吊装重力计算和安装工艺研究,采取每3节风管在地面组装并局部保温后整体吊装的施工方法;自行研制风管吊装卡具,用4组电动葫芦配合2台曲臂车完成风管起吊、支架固定和风管连接;根据需求限定7~8人配合操作,并购买了上述人员的意外伤害保险,曲臂车操作人员取得了高空作业操作证。除湿风管安装总计节约成本约10万元。

项目部对空调机房安装质量进行检查,情况如下:风管安装顺直,支吊架制作采用机械加工的方法;穿过机房墙体部位风管的防护套管与保温层之间有20mm的缝隙;防火阀距离墙体500mm;为确保调节阀手柄操作灵敏,调节阀阀体未进行保温;因空调机组即将单机试运行,项目部已将机组过滤器安装完毕。

【问题】

1.机电项目部现场施工管理人员应补充哪类人员?项目部主要人员还应补充哪类人员?

2.项目部安装除湿风管在哪些方面采取了降低成本的措施?

3.指出本项目空调机房安装存在的问题有哪些?

案例 14

【背景资料】

某火力发电厂建设工程总投资额50000万元。该工程以PC的承包形式进行了公开招标,共有A、B、C、D、E五家承包商参与投标。经资格预审,E公司因是民营企业而被取消投标资格。E公司提出抗议,但未被采纳。评标委员会评委全部由建设单位的领导和一名工程技术人员组成,共8人。在评标过程中,A公司因实力较强但报价偏高,评委与其协商让其总价下浮5%，遭到A公司拒绝。

评标答疑过程中，当评委问B公司如何进行设备监造时，B公司回答将派有资质的专业技术人员驻厂监造，并认真进行出厂前设备的验收、包装和发运，当问及监造大纲还应包括哪些内容时，B公司无以应答。

中标单位回答锅炉烟风道上的非金属补偿器作用及其设计要求完全正确（如图10所示）。

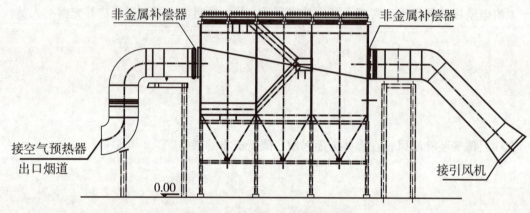

图10 锅炉烟风道安装示意图

【问题】

1.E公司提出抗议是否合理？说明理由。

2.本案例中评标委员会的构成存在哪些问题？

3.简述A公司拒绝下浮总价的法律依据。

4.设备监造大纲主要应包括哪些内容?

5.图10中的非金属补偿器有什么作用?施工安装时有哪些要求?

案例 15

【背景资料】

A公司总承包2×660MW火力发电厂1#机组的建筑安装工程,工程内容包括锅炉、汽轮发电机、水处理系统、脱硫系统等的安装。

A公司将水泵和管道安装分包给B公司。B公司在凝结水泵初步找正后即进行管道的连接,因出口管道与设备不同心,导致无法正常对口,便用手拉葫芦强制调整管道,被A公司制止。

B公司整改后,在联轴节上架设仪表监视设备位移,保证管道与水泵的安装质量。

锅炉补给水管道为埋地敷设,施工完毕自检合格后,以书面形式通知监理申请隐蔽工程验收,第二天进行土方回填时被监理工程师制止。

在未采取任何技术措施的情况下,A公司对凝汽器汽侧进行了灌水试验(如图11所示),无泄漏,但造成部分弹簧支座过载损坏;返修后,进行汽轮机组轴系对轮中心找正,经初找和复找验收合格。

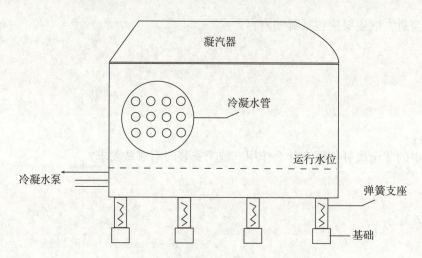

图11 凝汽器汽侧灌水试验示意图

主体工程、辅助工程和公用设施已按设计文件要求建成，单位工程验收合格后，建设单位及时向政府有关部门申请专项验收，并提供备案申报表、施工许可文件复印件及规定的相关材料，项目通过专项验收。

【问题】

1.A公司为什么制止凝结水管道连接？B公司应如何整改？在联轴节上应架设哪些仪表监视设备的位移？

2.说明监理工程师制止土方回填的理由。隐蔽工程验收通知内容有哪些？

3.写出凝汽器灌水试验前后的注意事项，轴系中心复找工作应在凝汽器什么状态下进行？

4.建设工程项目投入试生产前和试生产阶段应完成哪些专项验收?

案例 16

【背景资料】

A公司承接某油田设备安装工程,其中压缩厂房的工程内容包括往复式天然气压缩机组安装、工艺管道及20/5t桥式起重机安装,压缩机组大件重量见表4。

表4 压缩机组大件重量

部件名称	主机	电机	最大检修部件
重量(t)	65.0	53.0	16.1

A公司进场后组建了项目部,按要求配备了专职安全生产管理人员,完成了施工组织设计及各项施工方案的编制,并对项目中涉及的特种设备进行了识别。

按大件设备运输方案,在厂房封闭前,用300t、75t汽车吊将桥式起重机大梁、压缩机主机和电机等大件设备采用"空投"方式预存在起重机轨道及设备基础上,待厂房封闭后再进行安装。

桥式起重机到货后,项目部及时进行吊装就位。项目部就压缩机进场及厂房封闭与建设单位沟通时被告知:由于压缩机制造的原因,设备进场时间推迟3个月,1个月内完成厂房封闭,要求A公司对原大件设备运输方案进行修订;方案修订为利用倒链、拖排、滚杠配合完成设备的水平运输,再用自制吊装门架配合卷扬机、滑轮组进行设备的垂直运输。

桥式起重机在安装前已进行了施工告知,设备安装完成、自检及试运行合格后,经建设单位和监理单位验收合格,安装及验收资料完整。

施工人员在使用桥式起重机进行压缩机辅机设备吊装就位时,被市场监督管理部门特种设备安全监察人员责令停止使用,经整改后完成了压缩机辅机设备的吊装就位。

在压缩机负荷试运行中,压缩机的振动和温升超标,经拆检发现,3只一级排气阀损坏,中体与气缸的3条连接螺栓断裂,相关方启动质量事故处理程序,立即报告并对事故现场进行保护。

事故发生后,经分析,是进气中富含的凝析油和水蒸气在压缩过程中析出造成液击所致。建设单位随后指令施工单位在压缩机进气管路上加装凝析油捕集器和丙烷制冷干燥装置,问题得到解决。

A公司项目经理安排合同管理人员准备后续的索赔工作。

【问题】

1.A公司项目部确定专职安全生产管理人员人数的依据是什么?编制的哪个方案需要组织专家论证,说明理由。

2.桥式起重机被市场监督管理部门特种设备安全监察人员责令停止使用的原因是什么?应怎样整改?

3.负荷试运行应由哪个单位组织实施?根据本次质量事故处理程序,还需完成哪些过程?

4.索赔成立的三个必要条件是什么?

案例 17

【背景资料】

某项目管道工程,内容包括建筑生活给水排水系统、消防水系统和空调水系统的施工。某分包单位承接该任务后,编制了施工方案、施工进度计划(见表5中细实线)、劳动力计划(见表6)和材料采购计划等。

施工进度计划在审批时被否定,原因是生活给水排水系统的先后顺序违反了施工原则,分包单位调整了该顺序(见表5中粗实线)。

表5 建筑生活给水排水、消防和空调水系统施工进度计划

施工内容	施工人员	3月	4月	5月	6月	7月	8月	9月	10月
生活给水系统施工	40人								
生活排水系统施工	20人								
消防水系统施工	20人								
空调水系统施工	30人								
机房设备施工	30人								
单机及联动试运行	40人								
竣工验收	30人								

表6 建筑生活给水排水、消防和空调水系统施工劳动力计划

月份	3月	4月	5月	6月	7月	8月	9月	10月
施工人员	40人	80人	140人	140人	100人	60人	40人	30人

施工中,采购的第一批阀门(见表7)按计划到达施工现场,施工人员对阀门开箱检查,按规范要求进行了强度试验和严密性试验,主干管上起切断作用的DN400、DN300阀门和其他规格的阀门抽查均无渗漏,验收合格。

表7 阀门规格及数量

名称	公称压力	DN400	DN300	DN250	DN200	DN150	DN125	DN100
闸阀	1.6MPa	4	8	16	24			
球阀	1.6MPa					38	62	84
蝶阀	1.6MPa			16	26	12		
合计		4	8	32	50	50	62	84

在水泵施工质量验收时,监理人员指出水泵进水管接头和压力表接管的安装存在质量问题,如图12所示,要求施工人员返工,返工后质量验收合格。

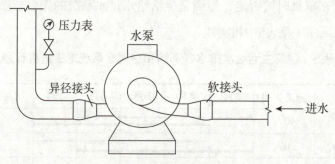

图12 水泵安装示意图

建筑生活给水排水系统、消防水系统和空调水系统安装后,分包单位在单机及联动试运行中,及时与其他各专业工程施工人员协调配合,完成联动试运行,工程质量验收合格。

【问题】

1.劳动力计划调整后,3月份和7月份的施工人员分别是多少?劳动力优化配置的依据有哪些?

2.第一批进场的阀门按规范要求最少应抽查多少个进行强度试验?其中,DN300闸阀的强度试验压力应为多少MPa?强度试验的最短持续时间是多少?

3.图12中所示水泵运行时会产生哪些不良后果？绘出合格的返工部分示意图。

4.本工程在联动试运行中需要与哪些专业系统协调配合？

案例 18

【背景资料】

某安装公司承包某热电联产项目的机电安装工程，主要设备材料如母线槽等由施工单位采购。

合同签订后，安装公司履行相关开工手续，编制了施工方案及各分项工程施工程序，施工方案内容主要包括工程概况、编制依据、施工准备、质量安全保证措施；针对低压配电母线槽的安装，制定了施工程序：开箱检查→支架安装→单节母线槽绝缘测试→母线槽安装→通电前绝缘测试→送电验收。

在施工过程中，发生了以下事件：

事件1：建设单位对配电母线槽的用途提出了新的要求，通知了设计单位但其未能及时修改出图，后经协调，设计单位提供了修改图纸；供货单位拿到图纸后，由于建设单位工程款未及时支付给施工单位，导致母线槽未按原定计划采购生产；安装公司催促建设单位付款后，才使母线槽送达施工现场，但已造成工期延误。

事件2：母线槽安装完毕后，因没能很好地进行成品保护，遭遇雨季建筑渗水，母线槽受潮，送电前绝缘电阻测试不合格，并且部分吊架安装不符合规范要求（如图13所示），质检员对母线槽提出了返工要求；母线槽拆下后，有5节母线槽的绝缘电阻测试如表8所示，母线槽经干燥处理,增加圆钢吊架后返工安装,通电验收合格,但造成了工期延误。

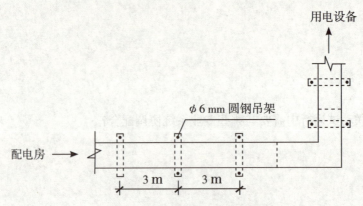

图13　母线槽安装平面示意图

表8　母线槽的绝缘电阻测试表

母线槽	1	2	3	4	5
绝缘电阻值（MΩ）	30	35	10	25	0.5

【问题】

1.安装公司编制的施工方案还应包括哪些内容？

2.表8中哪几节母线槽绝缘电阻测试值不符合规范要求？写出合格的要求。

3.图13中母线槽安装有哪些不符合规范要求之处？写出符合要求的做法。

4.分别指出建设、设计和施工单位的哪些原因造成了工期延误?

案例 19

【背景资料】

某施工单位承包一新建风电项目的35kV升压站和35kV架空线路,架空线路需跨越铁路,升压站内设置一台35kV的油浸式变压器,施工项目部及生活营地设置在某行政村旁,项目部进场后,未经铁路部门许可,占用铁路用地存放施工设备,受到铁路部门处罚,停工处理,造成工期延误。

设计交底后,项目部依据批准的施工组织设计和施工方案,逐级进行了交底;在变压器母线安装时,发现母线出线柜出口与变压器接口不在同一直线上,导致母线无法安装,经核实,是因变压器基础位置与站内道路冲突,土建设计师已对变压器基础进行了位置变更,但电气设计师未及时跟进电气图纸修改,母线仍按原图纸供货,经协调,母线返厂加工处理。

为了保证合同工期,项目部组织人员连夜进行母线安装,采用大型照明灯具,并增配电焊机和切割机等机具,期间因扰民被投诉,项目部整改后完成施工,但造成了工期延误。35kV升压站安装完成后,进行了变压器交接试验,试验内容见表9,监理认为试验内容不全,项目部补充了交接试验项目,通过验收。

表9 变压器交接试验

序号	试验内容	试验部位
1	吸收比	绕组
2	变化测试	绕组
3	组别测试	绕组
4	绝缘试验	绕组、铁心及夹件
5	介质损耗因数	绕组连同套管
6	非纯瓷套管试验	套管

【问题】

1. 项目部在设置生活营地时需要与哪些部门沟通协调？

2. 在降低噪声和控制光污染方面项目部应采取哪些措施？

3. 变压器交接试验还应补充哪些内容？

4. 造成本工程工期延误的原因有哪些？

案例 20

【背景资料】

某机电工程公司承接北方某城市一高档办公楼机电安装工程，建筑面积16万m²，地下3层，地上24层，内容包括通风空调工程、给水排水及消防工程、电气工程。

本工程空调系统设置类型如下：

（1）首层大堂采用全空气定风量可变新风比空调系统。
（2）裙楼二层、三层报告厅采用风机盘管与新风处理系统。
（3）三层以上办公区采用变风量VAV空调系统。
（4）网络机房和UPS室采用精密空调系统。

在地下室出入口区域、计算机房和资料室区域设置消防预作用灭火系统，系统通过自动控制的空压机保持管网系统正常的气体压力，在火灾自动报警系统报警后，开启电磁阀组使管网充水，变成湿式系统。

工程采用有独立换气功能的内呼吸式玻璃幕墙系统，通过幕墙风机使幕墙空气腔形成负压，将室内空气经过风道直接排出室外，以增加室内新风，并对外墙玻璃降温；系统由内外双层玻璃幕墙、幕墙管道风机、风道、静压箱、回风口及排风口六部分组成；回风口为带过滤器的木质单层百叶，安装在装饰地板上，风道为用镀锌钢板制作的小管径圆形风管，管道直径为DN100mm～DN250mm。

安装完成后，试运行时发现呼吸式幕墙风管系统运行噪声非常大，自检发现噪声大的主要原因是：
（1）风管与排风机连接不正确。
（2）风管静压箱未单独安装支吊架。

项目部组织整改后，噪声问题得到解决。

在施工阶段，项目参加全国建筑业绿色施工示范工程的过程检查，专家对机电工程采用BIM技术优化管线排布、风管采用工厂化加工预制、现场水电控制管理等方面给予表扬，检查得分92分，综合评价等级为优良。

机电工程全部安装完成后，项目部编制了机电工程系统调试方案并经监理审批后实施。制冷机组、离心冷冻冷却水泵、冷却塔、风机等设备单体试运行的运行时间和检测项目均符合规范和设计要求，项目部及时进行了记录。

【问题】

1.本工程空调系统设置类型的选用除考虑建筑的用途和规模外，还应考虑哪些因素？按空调系统的不同分类方式，风机盘管与新风系统分别属于何种类别的空调系统？

2. 预作用消防系统一般适用于有哪些要求的建筑和场所？预作用阀之后的管道充气压力最大应为多少？

3. 风口安装与装饰装修交叉施工应注意哪些事项？指出风管与排风机连接处的技术要求。

4. 绿色施工评价指标按其重要性和难易程度分为哪三类？单位工程施工阶段的绿色施工评价由哪个单位负责组织？

5. 离心水泵单体试运行的目的何在？主要检测哪些项目？

案例 21

【背景资料】

某安装公司承接某工业工艺用蒸汽管道安装工程，蒸汽管道由锅炉房至工艺车间架空敷设,管道中心高度5.5m;主要工程量为φ219×6mm无缝钢管,材质为20号钢,重量约为900t,各类阀门、流量计、安全附件等共90套,补偿方式为方形补偿器;工作内容包括管道运输、管道切割、坡口打磨、管道焊接、压力试验,但不包括防腐绝热,无损检测由第三方负责。

为方便施工,在管道下方搭设脚手架,管道系统安装完成后,公司工程部组织技术部、质量安全部对项目部的竣工资料整理情况进行检查,部分检查情况如下:

(1)工程的施工组织设计由项目经理主持编制,项目技术负责人审批。

(2)工程使用的管材、阀门、安全附件、焊接材料等都按规范进行进场质量检验或验收,记录齐全,各合格证和质量证明文件完备。

(3)管道水压试验记录显示,试压时共使用3块精度为1.0级的压力表,均校验合格且在有效期内,检定记录完备。

【问题】

1.工程中施工组织设计的编制、审批是否符合规定?说明理由。

2.管道水压试验时压力表的使用是否正确?说明理由。

3.指出安装公司在蒸汽管道安装施工过程中存在的危险源。

4.蒸汽管道安装前和交付使用前应办理什么手续?分别在哪个部门办理?

案例 22

【背景资料】

某低热值煤发电工程项目中，设计安装2台350MW超临界直接空冷机组，配套1198t/h超临界循环流化床锅炉，一次中间再热、直接空冷抽汽凝汽式汽轮发电机组，空冷发电机，采用炉外湿法脱硫方式，同步建设SNCR脱硝装置，预留SCR脱硝装置、湿式除尘空间。其中甲为建设单位，乙为总承包单位，丙为施工单位，丁为监理单位。

丙施工单位在开工前编制施工进度计划（见图14），经审核后上报监理，总监理工程师审批同意。

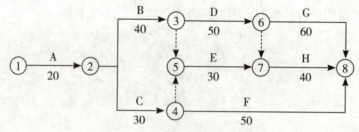

图14 施工进度计划（天）

G工作由于连续降雨累计20天，导致实际施工80天完成，其中15天降雨超过当年50年气象资料记载的最大强度，乙总承包单位及时提出20天的索赔要求。

在大板梁吊装方案论证过程中，总承包单位先后经历两次论证，论证持续时间为10天，乙总承包单位及时提出10天的索赔要求。

在调试除尘设备时，监理工程师发现丙施工单位没有按技术规程要求进行调试，有较大安全质量隐患，要求立即整改。丙施工单位用1.5天时间整改验收后监理工程师同意复工。丙施工单位向丁监理单位总监理工程师提交费用索赔和工程延期的申请。

经总监理工程师积极组织协调，该项目工程运行平稳，进度、质量、安全等各项指标都取得很好的效果。

【问题】

1.对G工作，乙总承包单位及时提出20天的索赔要求是否正确？说明理由。

2.说明在大板梁吊装方案论证时间上，乙总承包单位提出10天索赔错误的原因。

3.调试除尘设备，丙施工单位向丁监理单位总监理工程师提交费用索赔和工程延期的申请是否妥当？

4.写出调试除尘设备索赔处理的程序。

5.通常项目监理机构组织协调的方法有哪几种？

案例 23

【背景资料】

某安装公司承接一项生活垃圾焚烧发电项目，工作内容包括1台2500t/d垃圾焚烧炉，1台25MW汽轮发电机组及配套工程。焚烧支座重32t，汽包中心标高42.5m，计划用250t履带起重机采用单主吊直接提升法完成汽包吊装就位。项目部按施工进度计划安排250t履带起重机进场后,在现场组装时被监理工程师叫停;经查,项目部编制的250t履带起重机安拆专项方案已经安装公司内部和监理工程师审批通过。

离心送风机安装完成后,在电机单独试运行首次启动时发现电机转向错误,停机处理后重新启动电机;运行20min后电机轴承温升异常,停机检查发现电机轴承润滑脂乳化,停机处理后再次启动电机,电机运行平稳。

厂区循环水管道设计为钢板卷管,项目质检员对已经完成的部分卷管进行质量检查,检查情况为:筒节纵向焊缝间距为160mm,卷管组对时相邻筒节两纵缝间距为160mm,管外壁加固环的对接焊缝与卷管纵向焊缝间距为70mm,加固环距卷管的环向焊缝间距为60mm。施工班组对查出的问题及时进行了整改。

【问题】

1. 监理工程师叫停履带起重机组装的做法是否正确?说明理由。

2. 说明电机转向错误和轴承润滑脂乳化的处理方法。电机试运行时对电机轴承的温度和振动的要求是什么?

3. 指出卷管制作的不合格之处,说明理由。

案例 24

【背景资料】

A公司承接一地下停车库的机电安装工程,工程内容包括给排水、建筑电气、消防等工程;经建设单位同意,A公司将消防工程分包给了B公司,并对B公司的资质条件、人员配备等方面进行了考核和管理。

自动喷水灭火系统的直立式喷头运到施工现场,经外观检查后,立即与消防管道同时进行安装,直立式喷头安装如图15所示,在施工过程中被监理工程师叫停,要求整改。

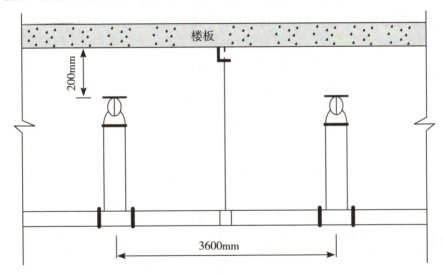

图15 直立式喷头安装示意图

B公司整改后,对自动喷水灭火系统进行通水调试,调试项目包括水源测试、报警阀调试、联动试验,在验收时被监理工程师要求补充调试项目。该停车库项目在竣工验收合格12个月后才投入使用,投入使用12个月后,消防管道漏水,建设单位要求A公司进行维修。

【问题】

1.A公司对B公司进行考核和管理的内容还有哪些?

2.说明自动喷水灭火系统安装被监理工程师要求整改的原因。

3.自动喷水灭火系统的调试还应补充哪些项目?

4.消防管道维修是否在保修期内?说明理由。维修费用由谁承担?

案例 25

【背景资料】

某气体处理厂新建一套天然气脱乙烷装置,工程内容包括脱乙烷罐、丙烷制冷机组、冷箱的安装,以及配套钢结构、工艺管道、电气和仪表的安装调试等。某公司承接该项目后,成立了项目部,进行项目策划,策划书中强调施工质量控制,承诺全面实行"三检制"。

安装后期,在制冷机组油管冲洗前,项目部对设备滑动轴承间隙进行了测量,均符合要求。按计划冲洗后,除一路直管外其余油管全部冲洗合格,针对冲洗不合格的油管,项目部采取了冲洗措施,即将其他支管及主管的连接处加设隔离盲板,加大不合格支管的冲洗流量,采取措施后,油管冲洗合格。

试车时主轴承烧毁,初步估计直接经济损失10万元,经查,在隔离挡板拆除过程中,通往主轴承的油路上的隔离盲板漏拆,监理工程师认为项目部未能严格执行承诺的"三检制",

责令项目部限期上报质量事故报告书，项目部按要求及时编写，并上报了质量事故报告，报告内容包括事故发生的时间、地点、工程项目名称、事故发生后采取的措施、事故报告单位、联系人及联系方式等，监理工程师认为质量事故报告内容不完整，需要补充。

监理工程师在检查钢结构一级焊缝表面质量时，发现存在咬边、未焊满、根部收缩、弧坑、裂纹等质量缺陷，要求项目部加强对焊工的培训并对焊工的资质进行再次核查，项目部进行了整顿和培训，作业人员的技术水平达到要求，项目进展顺利并按时完工。

【问题】

1. 制冷机组滑动轴承间隙要测量哪几个项目？分别用什么方法？

2. 针对主轴承烧毁事件，项目部在"三检制"的哪些环节上出现了问题？

3. 建设单位负责人接到报告后应于多长时间内向当地有关部门报告？

4. 钢结构的一级焊缝中还可能存在哪些表面质量缺陷？

案例 26

【背景资料】

某生物新材料项目由A公司总承包，A公司项目部项目经理在策划组织机构时，根据项目大小和具体情况配备了项目部技术人员，满足了技术管理要求。

项目中料仓盛装的浆糊流体介质温度约为42℃，料仓的外壁保温材料为半硬质岩棉制品；料仓由A、B、C、D四块不锈钢壁板组焊而成，安装位置和尺寸如图16所示。

在门吊架横梁上挂设4只手拉葫芦，通过卸扣、钢丝绳吊索与料仓壁板上的吊耳（材质为Q235）连接成吊装系统。

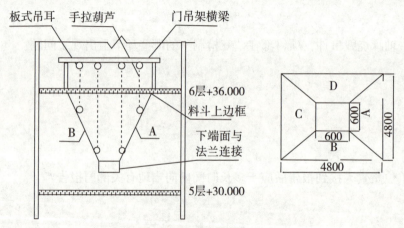

图16 料仓安装位置及尺寸示意图

料仓的吊装顺序为A、C→B、D；料仓的四块不锈钢壁板的焊接采用手工焊条电弧焊方法。

设计要求料仓正方形出料口连接法兰安装水平度允许偏差≤1mm，对角线长度允许偏差≤2mm，中心位置允许偏差≤1.5mm。

在对料仓工程质量进行检查时，质量员提出吊耳与料仓壁板为异种钢焊接，违反"禁止不锈钢与碳素钢接触"的规定，项目部对料仓临时吊耳进行了标识和记录，根据质量问题的性质和严重程度编制并提交了质量问题调查报告，及时返修后，质量验收合格。

【问题】

1.项目经理根据项目大小和具体情况如何配备技术人员？保温材料到达施工现场应检查哪些质量证明文件？

2.分析图16中存在哪些安全事故危险源？不锈钢壁板组对焊接作业过程中存在哪些职业健康危害因素？

3.料仓出料口端平面标高基准点和纵横中心线的测量应分别使用哪种测量仪器？

4.项目部编制的吊耳质量问题调查报告应及时提交给哪些单位？

案例 27

【背景资料】

某安装公司总承包某项目气体处理装置工程，业主已将其划分为一个单位工程，包括土建工程、设备工程、管道工程等分部工程。其核心设备的气体压缩机为分体供货现场安装，气体处理装置厂房为钢结构，厂房内安装2台额定吊装重量为30/5t桥式起重机。

安装公司编制了压缩机吊装专项施工方案，计划在厂房封闭和桥式起重机安装完成后，进行气体压缩机的吊装；自重30t以上的压缩机部件采取两台桥式起重机抬吊工艺，其余部件采用单台桥式起重机吊装；安装公司组织了吊装专项施工方案的专家论证，专家组要求，将方案的审核、审查及签字手续完善后，再进行方案论证。

专项施工方案审批通过后，安装公司对施工人员进行方案交底，在压缩机底座吊装固定后，进行压缩机部件的组装调整，重点是对压缩机轴瓦、轴承等运动部件的间隙进行调整和压紧调整，保证了压缩机安装质量，气体处理装置厂房内部结构见图17。在压缩机试运行阶段，安装公司向监理工程师提交了单机试运行申请，经监理工程师查验后，提出压缩机还不具备单机试运行条件，因安装公司除润滑油系统循环清洗合格外，还有其他设备、系统均未进行调试，安装公司完成调试后，压缩机单机试运行验收合格。

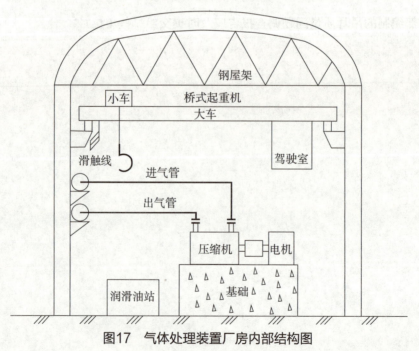

图17 气体处理装置厂房内部结构图

【问题】

1.气体处理装置工程还有哪些分部工程?

2.分别写出气体压缩机吊装专项施工方案的审核及审查人员,方案实施的现场监督应是哪个人员?

3.依据解体设备安装的一般程序,压缩机固定后在试运转前有哪些工序?压缩机的装配精度包括哪些方面的精度?

4.压缩机单机试运行前还应完成哪些设备及系统的调试?

案例 28

【背景资料】

某施工单位中标某大型商业广场项目,地下3层为车库、1~6层为商业用房、7~28层为办公用房,中标价为2.2亿元,工期300天,工程内容包括配电、照明、通风空调、管道、设备等的安装。主要设备如冷水机组、配电柜、水泵、阀门均为建设单位指定产品,施工单位负责采购,其余设备材料均由施工单位自行采购。

施工单位项目部进场后,编制了施工组织设计和各专项施工方案。由于设备布置在主楼三层设备间,因此采用了设备先垂直提升到三楼,再水平运输至设备间的运输方案。设备水平运输时,使用混凝土结构柱作牵引受力点,并绘制了设备水平运输示意图(如图18所示),报监理单位及建设单位后被否定。

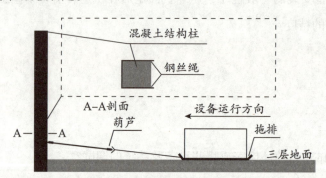

图18 设备水平运输示意图

施工现场临时用电计量的电能表,经地级市授权的计量检定机构检定合格,供电部门检查后提出电能表不准使用,要求重新检定。

在设备制造合同签订后,项目部根据监造大纲,编制了设备监造周报和监造月报,安排了专业技术人员驻厂监造,并设置了监督点。设备制造完毕,因运输问题导致设备延期5天运到施工现场。

施工期间,当地发生地震,造成工期延误20天,项目部应建设单位要求,为防止损失扩大,直接投入抢险费用50万元;外用工因待遇低而怠工,造成工期延误3天;在调试时,因运营单位技术人员误操作,造成冷水机组的冷凝器损坏,回厂修复,直接经济损失20万元,工期延误40天。项目部在给水系统试压后,仍用试压用水(氯离子含量为30ppm)对不锈钢管道进行冲洗;在系统试运行正常后,工程于2015年9月竣工验收。

2017年4月给水系统的部分阀门漏水，施工单位以阀门是建设单位指定的产品为由拒绝维修，但被建设单位否定，施工单位派出人员对阀门进行了维修。

【问题】

1.设备运输方案被监理单位和建设单位否定的原因何在？如何改正？

2.检定合格的电能表为什么不能使用？项目部编制的设备监造周报和监造月报有哪些主要内容？

3.计算本工程可以索赔的工期和费用。

4.项目部采用的试压及冲洗用水是否合格？说明理由。说明建设单位否定施工单位拒绝阀门维修的理由。

案例 29

【背景资料】

某项目机电工程由某安装公司承接，该项目地上10层，地下2层，工程范围主要是防雷接地装置、变配电室、机房设备和室内电气系统等的安装。

工程利用建筑物金属铝板屋面及其金属固定支架作为接闪器，并用混凝土柱内两根主筋作为防雷引下线，引下线与接闪器及接地装置的焊接连接可靠。但在测量接地装置的接地电阻时，接地电阻偏大，未达到设计要求，安装公司采取降低接地电阻的措施后，书面通知监理工程师进行隐蔽工程验收。

变配电室位于地下二层，变配电室的主要设备（如三相干式变压器、手车式开关柜和抽屉式配电柜）由业主采购，其他设备、材料由安装公司采购。在变配电室的低压母线处和各弱电机房电源配电箱处均设置电涌保护器（SPD），电涌保护器的接线形式满足设计要求，接地导线和连接导线均符合要求。变配电室设备安装合格，接线正确，设备机房的配电线路敷设采用柔性导管与动力设备连接，符合规范要求。

在签订合同时，业主还与安装公司约定，提前一天完工奖励5万，延后一天罚款5万，赶工时间及赶工费用见表10；变配电室设备进场后，变压器因保管不当受潮，干燥处理增加费用3万，最终安装公司在约定送电前提前6天完工，验收合格。在工程验收时还对开关等设备进行抽样检验，主要使用功能符合相应规定。

表10 赶工时间及赶工费用

序号	工作内容	计划费用（万元）	赶工时间（天）	赶工费用（万元/天）
1	基础框架安装	10	2	1
2	接地干线安装	5	2	1
3	桥架安装	20	—	—
4	变压器安装	10	—	—
5	开关柜配电柜安装	30	3	2
6	电缆敷设	90	—	—
7	母线安装	80	—	—
8	二次线路敷设	5	—	—
9	试验调整	30	3	2
10	计量仪表安装	4	—	—
11	检查验收	2	—	—

【问题】

1.防雷引下线与接闪器及接地装置还可以有哪些连接方式？写出本工程降低接地电阻的措施。

2.送达监理工程师的隐蔽工程验收通知书应包括哪些内容？

3.本工程电涌保护器接地导线的位置和连接导线的长度有哪些要求？柔性导管长度与电气设备连接有哪些要求？

4.列式计算变配电室工程的成本降低率。

5.在工程验收时的抽样检验，还有哪些要求应符合相关规定？

案例 30

【背景资料】

A公司中标一升压站安装工程项目,因项目地处偏远地区,升压站安装前需建设施工临时用电工程,A公司将临时用电工程分包给B公司,临时用电工程内容包括10/0.4kV电力变压器安装、配电箱安装、架空线路(电杆、导线及附件)施工。

A公司要求尽快完成施工临时用电工程,B公司编制了施工临时用电工程作业进度计划(见表11),计划工期30d,在审批时被监理公司否定,要求重新编制;B公司在工作持续时间不变的情况下,将导线架设调整至电杆组立完成后进行,修改了作业进度计划。

表11 施工临时用电工程作业进度计划

序号	工作内容	开始时间	结束时间	持续时间	4月					
					1	6	11	16	21	26
1	施工准备	4.1	4.3	3d	━━					
2	电力变压器、配电箱安装	4.4	4.8	5d		━━				
3	电杆组立	4.4	4.23	20d		━━━━━━━━━━━━━━				
4	导线架设	4.4	4.23	20d		━━━━━━━━━━━━━━				
5	线路试验	4.24	4.28	5d						━━
6	验收	4.29	4.30	2d						━

B公司与A公司签订了安全生产责任书,明确了各自的安全生产责任,建立了项目安全生产责任体系,并约定项目副经理对本项目的安全生产负全部领导责任,为安全生产第一责任人,项目总工程师对本项目的安全生产负部分领导责任。

电杆及附件安装(见图19)和导线架设后,在线路试验前,某档距内的一条架空导线因事故造成断线,B公司用相同规格的导线对断线进行了修复,修复后检查发现有2个接头,接头处机械强度只有原导线的80%,接线电阻为同长度导线电阻的1.5倍,被A公司要求返工,B公司对断线进行了返工修复,施工临时用电工程验收合格。

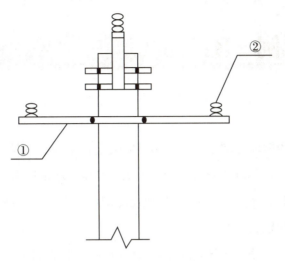

图19 电杆及附件安装示意图

【问题】

1.临时用电工程施工作业进度计划为什么被监理公司否定？修改后的施工作业进度计划工期需要多少天？

2.B公司制定的安全生产责任体系有哪些不妥？说明理由。

3.说明图19中①、②部件的名称及其作用。

案例 31

【背景资料】

某新建工业项目的循环冷却水泵站,由某安装公司承建,泵站为半地下式钢制混凝土结构,水泵泵组为"三用一备";设计一套2t×6m单梁桥式起重机用于泵组设备的检修吊装;该泵站为全厂提供循环冷却水,其中,鼓风机房冷却水管道系统主要材料见表12,冷却水系统工程设计对管道冲洗无特别要求。

表12 鼓风机房冷却水管道系统主要材料

序号	名称	型号	规格	数量	备注
1	焊接钢管		DN100/DN50/DN40	120/150/90(m)	
2	截止阀	J41T-16	DN100/DN50/DN40	2/6/12(个)	
3	Y型过滤器	GL41-16	DN40	3(个)	
4	平焊法兰	PN1-6	DN100/DN50/DN40	4/12/30(套)	
5	六角螺栓		M16-70/M16-65	(略)	
6	法兰垫片		DN100/DN50/DN40	(略)	
7	压制弯头		DN100/DN50/DN40	(略)	
8	异径管		DN100-50/DN100-40	(略)	
9	三通		DN100-50/DN100-40	(略)	
10	管道组合支吊架		组合件	(略)	
11	压力表	Y100,1.6级	0~1.6KPa	3(个)	

在泵房阀门和材料进场开箱验收时,所有阀门的合格证等质量证明文件齐全,有一台DN300电动蝶阀的手动与电动转换开关无法动作,安装公司施工人员认为此问题不影响阀门与管道的连接,遂将该阀门运至现场准备安装。

安装公司在起重机安装完成验收合格后,整理起重机竣工资料,向监理工程师申请核验,监理工程师认为竣工资料中缺少特种设备安装告知及监督检验等资料,要求安装公司补齐。鼓风机房冷却水管道系统试压合格后,进行管道冲洗,冲洗压力和冲洗流量满足要求,冲洗后验收合格。

【问题】

1.表12中除焊接钢管、截止阀、平焊法兰、异径管、三通外,还有哪几种材料属于管道组成件?

2.安装公司施工人员在阀门开箱验收时的做法是否正确?若不正确,应如何处置?

3.在起重机竣工资料报验时监理工程师的做法是否正确?说明理由。

4.鼓风机房冷却水管道系统冲洗的合格标准是什么?系统冲洗的最低流速为多少?系统冲洗所需最小流量的计算应依据哪种规格的管道?

案例 32

【背景资料】

某安装公司中标某化工项目压缩厂房安装工程,工程内容主要包括厂房内设备和工艺管道的安装,工艺管道安装到厂房外第一个法兰接口,厂房内主要设备有压缩机组和32/5t桥式起重机,桥式起重机跨度30.5m,压缩机组由活塞式压缩机、汽轮机、联轴器、分离器、冷却器、润滑油站、高位油箱、干气密封系统、控制系统等辅助设备和系统组成。

安装公司进场后,编制了工程施工组织设计及各项施工方案;压缩机组安装方案对安装所用的计量器具进行了策划,计划配备百分表、螺纹规、千分表、钢卷尺、钢板尺、深度尺,监理工程师审核后,认为方案中计量器具的种类不能满足安装测量的需要,要求补充。

桥式起重机安装安全专项施工方案的"验收要求"中,针对施工机械、施工材料、测量手段三项验收内容,明确了验收标准、验收人员及验收程序,该方案在专家论证时,专家提出"验收要求"中的验收内容不完整,需要补充。

在压缩机组安装过程中,检查发现钳工使用的计量器具无检定标识,但施工人员解释,在用的计量器具全部检定合格,检定报告及检定合格证由计量员统一集中保管。

在压缩机组地脚螺栓安装前,已将基础预留孔中的杂物、地脚螺栓上的油污、氧化皮等清除干净,螺纹部分也按规定涂抹油脂,并按方案要求配置了垫铁,高度符合要求。

在压缩机组初步找平、找正,地脚螺栓孔灌浆前,监理工程师检查后,认为压缩机组地脚螺栓和垫铁安装存在质量问题,如图20所示,要求整改。

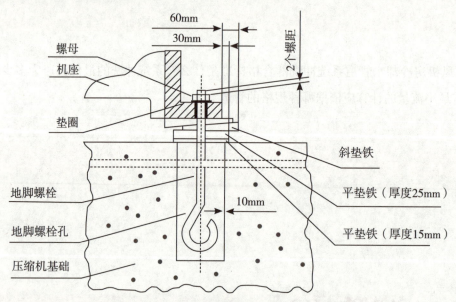

图20 压缩机组地脚螺栓、垫铁安装示意图

压缩机组安装完毕后,按规定的运转时间进行了空负荷试运转,运行中润滑油油压保持0.3MPa,曲轴箱及机身内润滑油的温度不高于65℃,各部位无异常。

【问题】

1.本工程需要办理特种设备安装告知的项目有哪几个？在哪个时间段办理安装告知？

2.桥式起重机安装方案论证时，还需补充哪些验收内容？方案论证应由哪个单位组织？

3.压缩机组安装方案中还需补充哪几种计量器具？安装现场计量器具的使用存在什么问题？如何整改？

4.图20中垫铁和地脚螺栓安装存在哪些质量问题？整改后的质量检查应形成哪个质量记录（表）？

5.压缩机组空负荷试运转是否合格？说明理由。

案例 33

【背景资料】

某安装公司中标一机电工程项目,承包内容有工艺设备及管道工程、暖通工程、电气工程、给水排水工程。安装公司项目部进场后,进行了成本分析,并将计划成本向施工人员进行交底,依据施工总进度计划组织施工,合理安排人员、材料、机械等,使工程按合同要求进行。在工艺设备运输及吊装前,施工员向施工班组进行技术交底,交底内容包含施工时间、工艺设备安装位置、安装质量标准、质量通病及预防措施等。

在设备机房施工期间,现场监理工程师发现某工艺管道取源部件的安装位置如图21所示,认为该安装位置不符合规范要求,要求项目部整改。

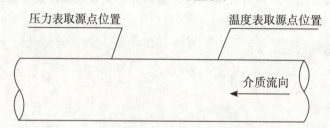

图21 工艺管道取源部件的安装位置示意图

施工期间,露天水平管道绝热施工验收合格后,在进行金属薄钢板保护层施工时,施工人员未严格按照技术交底文件施工,水平管道纵向接缝不符合规范要求,被责令整改。

工程竣工验收后,项目部进行成本分析,数据收集如表13所示。

表13 数据收集表

序号	分部工程名称	实际发生成本(万元)	成本降低率(%)
1	暖通工程	450	10
2	电气工程	345	-15
3	给水排水工程	300	25
4	工艺设备及管道工程	597	0.5

【问题】

1.工艺设备施工技术交底中,还应增加哪些施工质量要求?

2.图21中气体管道的压力表与温度表取源部件的安装位置是否正确？说明理由。安装蒸汽管道压力表时对取压点的方位有何要求？

3.管道绝热按其用途可以分为哪几种类型？水平管道金属保护层的纵向接缝如何搭接？

4.列式计算本工程的计划成本及项目总的成本降低率。

案例 34

【背景资料】

某安装公司承接一大型商场的空调工程，工程内容有空调风管、空调供回水、开式冷却水等系统的钢制管道与设备施工，管材及配件由安装公司采购；设备有离心式双工况冷水机组2台、螺杆式基载冷水机组2台、内融冰钢制蓄冰盘管24台、组合式新风机组146台，均由建设单位采购。

项目部进场后，编制了空调工程的施工技术方案，主要包括施工工艺与方法、质量技术要求和安全要求等，方案的重点是隐蔽工程施工、冷水机组吊装、空调水管法兰焊接、空调管道安装试压、空调机组调试与试运行等操作要点。

质检员在巡视中发现空调供水管的施工质量不符合规范要求，如图22所示，通知施工作业人员整改。空调供水管及开式冷却水系统施工完成后,项目部进行了强度试验和严密性试验,施工图中注明空调供水管的工作压力为1.3MPa,开式冷却水系统的工作压力为0.9MPa。

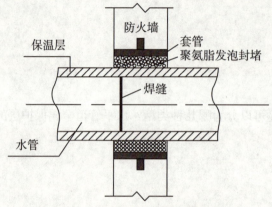

图22 空调供水管穿墙示意图

在试验过程中,发现空调供水管个别法兰连接处和焊缝处有渗漏现象,施工人员及时返修后重新试验未发现渗漏。

【问题】

1.空调工程的施工技术方案编制后应如何组织实施交底？重要项目的技术交底文件应由哪个施工管理人员审批？

2.图22中存在的错误有哪些？如何整改？

3.计算空调供水管和冷却水管的试验压力,试验压力最低不应小于多少MPa？

4.试验过程中管道出现渗漏时严禁哪些操作?

案例 35

【背景资料】

安装公司承接某工业厂房蒸汽系统安装,系统热源来自两台蒸汽锅炉,锅炉单台额定蒸发量为12t/h,出口蒸汽压力为1.0MPa,蒸汽温度为195℃;蒸汽主管采用$\phi 219 \times 6mm$无缝钢管,安装高度H+3.2m,管道采用70mm厚岩棉保温,蒸汽主管全部采用氩弧焊焊接。

安装公司进场后,编制了施工组织设计和施工方案,在蒸汽管道支吊架安装(见图23)设计交底时,监理工程师要求修改滑动支架的安装高度、吊架吊点的安装位置。

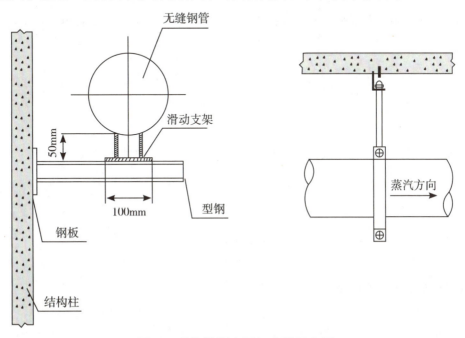

图23 蒸汽管道支吊架安装示意图

锅炉到达现场后，安装公司、监理单位和建设单位共同进行了进场验收，锅炉厂家提供的随机文件包含：锅炉图样（总图、安装图、主要受压部件图），锅炉质量证明书（产品合格证、金属材料证明、焊接质量证明书以及水压试验证明），锅炉安装和使用说明书，受压元件与原设计不符的变更资料。安装公司认为锅炉出厂资料不全，要求锅炉生产厂家补充与安全有关的技术资料。

施工前，安装公司对全体作业人员进行了安全技术交底，交底内容包括施工项目的作业特点和危险点、针对危险点的具体预防措施、作业中应遵守的操作规程和注意事项，所有参加人员在交底书上签字，并将安全技术交底记录整理归档为一式两份，分别由安全员、施工班组留存。

安装公司将蒸汽主管的焊接改为底层采用氩弧焊、面层采用电弧焊，经设计单位同意后立即进入施工，但被监理工程师叫停，要求安装公司修改施工组织设计，并审批后方能施工。

【问题】

1. 图23中滑动支架的安装高度及吊架吊点的安装位置如何修改？

2. 锅炉按出厂形式分为哪几类？锅炉生产厂家还应补充哪些与安全有关的技术资料？

3. 安全技术交底还应补充哪些内容？安全技术交底记录整理归档有何不妥？

4. 监理工程师要求修改施工组织设计是否合理？为什么？

案例 36

【背景资料】

某安装公司承接了一项火力发电厂机电安装工程,工程内容包括锅炉、汽轮发电机组、厂内变配电站、化学水系统等的安装。安装公司项目部进入现场后,组织编制了施工组织总设计,制订了施工进度计划,编制的施工方案有锅炉钢架安装施工方案、锅炉受热面安装施工方案、汽轮机安装施工方案等。

锅炉受热面安装施工方案中的施工程序为:设备开箱检查、二次搬运、安装就位;在各项工程开工前,技术人员对施工作业人员就操作方法和要领、安全措施等进行了施工方案的技术交底;在安装锅炉受热面时,由于锅炉受热面炉前水冷壁上段4片管排延期到货,导致炉前水冷壁安装进度滞后。为此项目部及时调整锅炉受热面的组合安装顺序,修改完善锅炉受热面安装施工方案,并紧急协调15名施工人员支援锅炉受热面的组合安装工作,对施工人员重新分工,明确施工任务和责任,保证锅炉受热面按期完成。安装公司项目部在汽轮发电机组设备安装过程检查中发现垫铁组的布置位置存在问题,如图24所示。

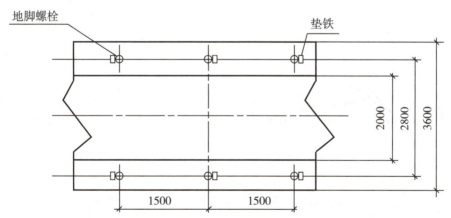

图24 汽轮发电机组设备基础垫铁布置示意图(单位:mm)

【问题】

1.施工方案技术交底还应包括哪些内容?

2.安装锅炉受热面的一般程序是什么？

3.炉前水冷壁安装进度滞后时，采取了哪些加快施工进度的措施？施工进度计划调整的内容有哪些？

4.图24中垫铁布置的位置存在什么问题？应如何改正？

案例 37

【背景资料】

某工程公司采用EPC方式承包一供热站安装工程，工程内容包括换热器、疏水泵、管道、电气及自动化等的安装。

工程公司成立采购小组，根据工程施工进度、关键工作和主要设备进场时间采购设备、材料等物资，保证设备材料采购与施工进度合理衔接。

疏水泵联轴器为过盈配合件，施工人员在装配时，将两个半联轴器一起转动，每转180°测量一次，并记录2个位置的径向位移值和位于同一直径两端测点的轴向位移值，质量部门对此提出异议，认为不符合规范要求，要求重新测量。

为加强施工现场的安全管理，及时处置突发事件，工程公司升级了《生产安全事故应急救援预案》，并进行了应急预案的培训、演练。

取源部件到货后，工程公司进行取源部件的安装，压力取源部件的取压点选择范围如图25所示，温度取源部件在管道上开孔焊接安装如图26所示，在准备系统水压试验时，温度取源部件的安装被监理要求整改。

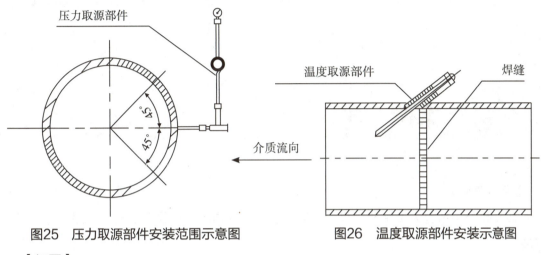

图25 压力取源部件安装范围示意图　　图26 温度取源部件安装示意图

【问题】

1.本工程中，工程公司应当多长时间组织一次现场处置方案演练？应急预案演练效果应由哪个单位来评估？

2.图25中取压点范围适用于何种介质管道？说明温度取源部件安装被监理要求整改的原因。

3.联轴器是采用了哪种过盈装配方式？质量部门提出异议是否合理？写出正确的要求。

4.为保证项目整体进度，应优先采购哪些设备？

案例 38

【背景资料】

某安装公司承包大型制药厂机电安装工程，工程内容包括设备、管道和通风空调等的安装。

安装公司对施工组织设计的前期实施进行了监督检查：施工方案齐全，临时设施通过验收，施工人员按计划进场，技术交底满足要求，但材料采购因资金问题影响了施工进度。

不锈钢管道系统安装后，施工人员使用洁净水（水中氯离子含量小于25ppm）对管道系统进行试压时（见图27），监理工程师认为压力试验条件不符合规范规定，要求整改。

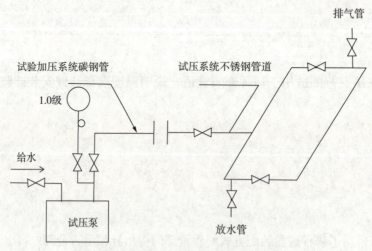

图27 管道系统水压试验示意图

由于现场条件限制，有部分工艺管道系统无法进行水压试验，经设计和建设单位同意，允许安装公司对管道环向对接焊缝和组成件连接焊缝采用100%无损检测代替现场水压试验，检测后设计单位对工艺管道系统进行了分析，符合质量要求。

检查金属风管制作质量时，监理工程师对少量风管的板材拼接有十字形接缝的问题提出整改要求。安装公司对风管进行了返修和加固处理，风管加固后外形尺寸改变但仍能满足安全使用要求，验收合格。

【问题】

1.安装公司在施工准备和资源配置计划中哪几项完成得比较好？哪几项需要改进？

2.图27中的水压试验有哪些不符合规范规定？写出正确的做法。

3.背景资料中的工艺管道系统的焊缝应采用哪几种检测方法？设计单位对工艺管道系统应如何分析？

4.监理工程师提出整改要求是否正确？说明理由。加固后的风管可按什么文件进行验收？

案例 39

【背景资料】

A公司承包某项目机电安装工程,工程内容包括建筑给排水施工、建筑电气和通风空调安装等,工程的设备、材料由A公司采购,A公司经业主同意后,将室内给排水及照明工程分包给B公司。

A公司进场后,依据项目施工总进度计划和施工方案,编制了设备材料采购计划,并及时订立了采购合同。在材料送达施工现场时,施工人员按验收工作的规定,对材料进行了验收,还对重要材料进行了复验,均符合要求。

B公司依据本公司的人力资源现状,编制了照明工程和室内给排水工程的施工作业进度计划(见表14),工期122天。该计划被A公司否定,要求B公司修改施工作业进度计划,加快进度。B公司在工作持续时间不变的情况下,将给水、排水管道施工的开始时间提前到6月1日,增加施工人员,使照明工程和室内给排水工程按A公司要求完工。

表14 照明工程和室内给排水工程施工作业进度计划表

序号	工作内容	6月			7月			8月			9月		
		1	11	21	1	11	21	1	11	21	1	11	21
1	照明管线施工	━━	━━	━━									
2	灯具安装					━━	━━						
3	开关、插座安装						━━	━━					
4	通电、试运行验收								━━				
5	给水、排水管道施工				━━	━━	━━						
6	水泵房设备安装							━━	━━	━━			
7	卫生器具安装										━━	━━	
8	给排水系统试验、验收												━━

在工程质量验收中,A公司指出水泵管道接头和压力表安装存在质量问题(见图28),要求B公司组织施工人员进行返工,返工后质量验收合格。

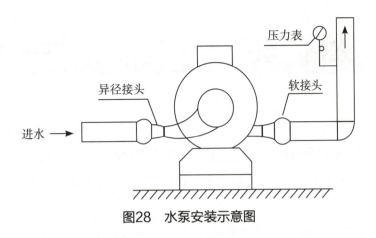

图28　水泵安装示意图

【问题】

1.在履行材料采购合同中,材料交付时应把握好哪些环节?

2.材料进场时应根据哪些文件对材料的数量和质量进行验收?要求复检的材料应有什么报告?

3.B公司编制的施工作业进度计划为什么被A公司否定?修改后的施工作业进度计划工期为多少天?这种施工作业进度计划的表达方式有哪些欠缺?

4.图28中的水泵安装在运行中会有哪些不良后果?B公司应如何返工?

案例 40

【背景资料】

A公司总承包某建设单位的二期扩建工程，工程内容包括厂房基础施工、钢结构制造和安装及厂房内的机电安装。厂房结构形式为门式钢架，屋架下弦高度为10米，钢结构屋架采用分片安装。

经建设单位同意，A公司将工程中的电气安装工程分包给B公司，工程中的照明灯具、镀锌钢导管沿屋架下弦布置。厂房照明工程施工方案确定，高处作业使用A公司在钢结构施工时的脚手架和移动登高设施，进行镀锌钢导管敷设、管内穿线及灯具安装等。

B公司在优化照明工程施工方案时，将原先的流水施工改为分段施工。

上段施工内容：钢结构屋架在地面拼装时，完成电气照明的部分工作，主要包括测量定位、镀锌钢导管明敷、接线盒安装、管内穿线。

下段施工内容：待厂房屋面封闭后，再完成后续的工作，主要包括测量定位、配电箱安装、镀锌钢导管明敷、管内穿线、导线连接和线路绝缘测试、灯具安装、开关安装、通电试运行。

在施工过程中，建设单位组织召开工程协调会，就钢结构屋架吊装前后的施工进度、施工平衡及交叉配合等问题进行了专门的沟通与协调。

因A公司在投标中承诺，施工期间以免收人工费的方式，对一期工程进行维修，在二期工程施工过程中，建设单位要求A公司对已竣工2.5年的一期工程的设备及线路进行维修。

【问题】

1.本工程钢导管的连接两端应如何进行接地跨接？质量检查时应抽查多少？

2.施工进度计划协调的内容主要有哪些？施工现场交接协调的内容主要有哪些？

3.本工程的电气照明安装有几个分项工程？线路绝缘测试应使用多少伏的兆欧表？线路绝缘电阻不应小于多少兆欧？

4.建设单位的维修要求是否正确？维修中发生的材料费和人工费分别由哪个单位承担？

案例 41

【背景资料】

某机电安装公司承接南方沿海某成品油灌区的安装任务，该机电公司项目部认真组织施工，在第一批油罐底板到达现场后，即组织下料作业，连夜进行喷砂除锈。

施工人员克服了在空气相对湿度达90%的闷湿环境下的施工困难，每20分钟完成一批钢板的除锈，露天作业6小时后，终于完成了整批底板的除锈工作，其后开始底漆喷涂作业。

质检员检查底漆喷涂质量后发现，涂层存在大量返锈、大面积气泡等质量缺陷，统计数据如表15所示。

表15 质量缺陷数据统计表

序号	缺陷名称	缺陷点数	占缺陷总数的百分比（%）
1	局部脱皮	20	10.0
2	大面积气泡	29	14.5
3	返锈	131	65.5
4	流挂	6	3.0
5	针孔	9	4.5
6	漏涂	5	2.5

项目部启动了质量问题处理程序，针对产生的质量问题，分析了原因，明确了整改方法，整改措施完善后得以妥善处理，并按原验收规范进行验收。

底板敷设完成后，焊工按技术人员的交底，点焊固定后，先焊长焊缝，后焊短焊缝，采用大焊接线能量分段退焊。在底板焊接工作进行到第二天时，出现了很明显的波浪变形。项目总工及时组织技术人员改正原交底中错误的做法，并采取措施，矫正焊接变形，项目继续受控推进。

项目部采取措施，调整进度计划，采用赢得值分析法监控项目的进度和费用，绘制了项目执行60天的赢得值分析法曲线图，如图29所示。

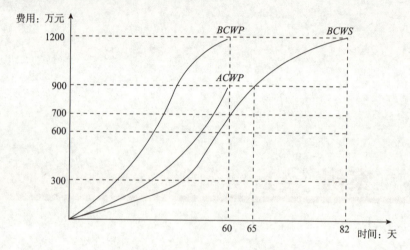

图29　赢得值分析法曲线图

【问题】

1.指出项目部在喷砂除锈和底漆喷涂作业中有哪些错误之处？经表面除锈处理后的金属，宜进行防腐层作业的最长时间段是几小时以内？

2.根据质检员的统计表，按排列图法将底漆质量分别归类为A类因素、B类因素和C类因素。

3.项目部就底漆质量缺陷应分别做何种后续处理？制定的质量问题整改措施还应包括哪些内容？

4.指出技术人员底板焊接交底中的错误之处并纠正。

5.根据赢得值分析法曲线图，指出项目进度在第60天时，是超前或滞后了多少万元？若用时间表达，是超前或滞后了多少天？指出第60天时，项目费用是超支或结余了多少万元？

案例 42

【背景资料】

A安装公司承包了一商务楼的机电安装工程，工程内容包括通风空调、给排水、建筑电气和消防等安装工程。A公司签订合同后，经业主同意，将消防工程分包给B公司，工程开工前，A公司组织有关工程技术管理人员，依据施工组织设计、设计文件、施工合同和设备说明书等资料，对相关人员进行项目总体交底。

A公司项目部进场后，依据施工验收规范和施工图纸制定了金属风管的安装程序：测量放线→支吊架安装→风管检查→组合连接→风管调整→风管绝热→漏风量测试→质量检查。

风管制作材料有厚度为1.0mm和1.2mm的镀锌钢板和角钢，施工后，风管板材拼接、风管制作、风管法兰连接等检查均符合质量要求,但防火阀安装和风管穿墙存在质量问题(见图30),监理工程师要求项目部返工,项目部组织施工人员返工后,工程质量验收合格。

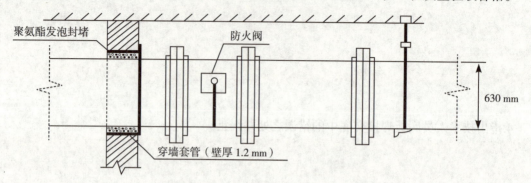

图30 防火阀安装和风管穿墙示意图

【问题】

1.工程开工前,需要对哪些相关人员进行项目总体交底?

2.项目部制定的金属风管安装程序存在什么问题?会造成什么后果?

3.本工程的风管板材拼接应采用哪种方法?风管与风管的连接可采用哪几种连接方式?

4.图30中有哪些不符合规范要求之处?写出正确的做法。

案例 43

【背景资料】

某施工单位以EPC总承包模式中标一大型火电工程项目,总承包范围包括工程勘察设计、设备材料采购、土建安装工程施工,直至验收交付生产。

按合同规定,该施工单位投保建筑安装工程一切险和第三者责任险,保险费由该施工单位承担。

为了控制风险,施工单位组织了风险识别、风险评估,对主要风险采取风险规避等风险防范对策。

根据风险控制要求,由于工期紧,正值雨季,采购设备数量多、价值高,施工单位对采购本合同工程的设备材料,根据海运、陆运、水运和空运等运输方式,投保运输一切险,在签订采购合同时明确由供应商负责购买并承担保费,按设备材料价格投保,保险区段为供应商仓库到现场交货为止。

施工单位成立了设备采购小组,组织编写了设备采购文件,开展设备招标活动,组织专家按照《中华人民共和国招标投标法》的规定,进行设备采购评审,选择设备供应商,并签订供货合同。

220kV变压器安装完成后,电气试验人员按照交接试验标准规定,进行了变压器绝缘电阻测试、变压器极性和接线组别测试、变压器绕组连同套管直流电阻测量、直流耐压和泄漏电流测试等电气试验,监理检查认为变压器电气试验项目不够,应补充试验。

发电机定子到场后,施工单位按照施工作业文件的要求,采用液压提升装置将定子吊装就位,发电机转子到场后,根据施工作业文件及厂家技术文件要求,进行了发电机转子穿装前的气密性试验,重点检查了转子密封情况,试验合格后,采用滑道式方法将转子穿装就位。

【问题】

1.风险防范对策除了风险规避外还有哪些?该施工单位将运输一切险交由供货商负责属于何种风险防范对策?

2.设备采购文件由哪些文件组成?设备采购评审包括哪几部分?

3.按照电气设备交接试验标准的规定,220kV变压器的电气试验项目还有哪些?

4.发电机转子穿装前气密性试验重点检查内容有哪些?发电机转子穿装常用方法还有哪些?

案例 44

【背景资料】

某市财政拨款建设一综合性三甲医院,其中通风空调工程采用电子方式公开招标,某外省施工单位在电子招标投标交易平台注册登记,当下载招标文件时,被告知外省施工单位需提前报名,审核通过后方可参与投标。

最终该施工单位中标,签订了施工承包合同,合同类型为固定总价合同,签约合同价3000万元,其中包含暂列金额100万元。合同约定:工程主要设备由建设单位指定品牌,施工单位组织采购,预付款20%,工程价款结算总额的3%作为质量保修金。

500台同厂家的风机盘管机组进入施工现场后,施工单位抽取一定数量的风机盘管进行了节能复验,复验的性能参数包括机组的供冷量、供热量和水阻力等;排烟风机进场报验后，安装就位于屋顶的混凝土基础上，风机与基础之间安装橡胶减振垫，设备与排烟风管之间的连接采用长度为200mm的普通帆布短管，如图31所示，监理单位在验收过程中，发现针对排烟风机的上述做法不合理，要求整改。

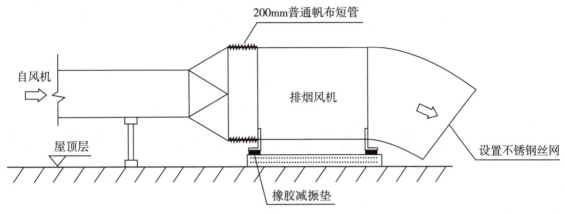

图31　排烟风机安装示意图

工程竣工结算时，经审核，预付款已全部抵扣完成，设计变更增加费用80万元，暂列金额无其他使用。

【问题】

1.要求外省施工单位提前审核通过后方可参与投标是否合理？说明理由。

2.风机盘管机组的现场节能复验应在什么时候进行？还应复验哪些性能参数？复验数量最少选取多少台？

3.指出图31中屋顶排烟风机安装的不合格项，如何改正？

4.计算本工程质量保修金的金额,本工程进度价款的结算方式可以有几种?

案例 45

【背景资料】

某安装公司承接一商务楼通风与空调安装工程,在项目施工过程中,由于厂家供货不及时,空调设备安装超出计划6天,该项工作的自由时差和总时差分别为3天和8天,项目部通过采用CFD模拟技术缩减了3天空调系统调试时间,压缩了总工期。

项目部编制了质量预控方案表,对可能出现的质量问题采取了预控措施,例如针对风管矩形内弧形弯头设置了导流片。同时通过加强与装饰装修、给水排水、建筑电气及建筑智能化等专业之间的协调配合,保证了项目质量目标的实现。

在施工过程中,监理工程师巡视发现空调冷热水管道安装存在质量问题,如图32所示,要求限期整改,其中管道支架的位置和数量满足规范要求。

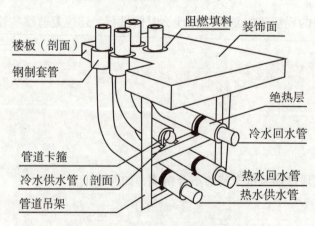

图32 空调冷热水管道示意图

【问题】

1.空调设备安装的进度偏差对后续工作和总工期是否有影响?说明理由。空调系统调试采用了哪种措施来控制施工进度？

2.通风空调专业与建筑智能化专业之间的配合包含哪些内容？

3.风管矩形内弧形弯头设置导流片的作用是什么？

4.图32中空调冷热水管道安装存在的质量问题有哪些？如何整改？

案例 46

【背景资料】

某科技公司数据中心机电采购及安装分包工程采用电子招标，邀请行业内有类似工程经验的A、B、C、D、E五家单位投标。

工程采用固定总价合同，在合同专用条款中约定：镀锌钢板的价格随市场波动时，镀锌钢板风管制作安装的工程量清单综合单价中，调整期价格与基期价格之比涨幅率在±5%

以内不予调整，超过±5%时，只对超出部分进行调整。工程预付款100万元，质量保修金90万元。

在投标过程中，E单位在投标截止时间前一个小时，突然提交总价降低5%的修改标书。最终经公开评审，B单位中标，合同价3000万元，含甲供设备暂估价200万元，其中镀锌钢板风管制作安装的工程量清单综合单价为600元/m^2，工程量为10000m^2。

建设单位按约定支付了工程预付款，施工开始后，镀锌钢板的市场价格上涨，风管制作安装的工程量清单调整期综合单价为648元/m^2，该项合同价款予以调整；设计变更调增价款为50万元；在施工过程中，消防排烟系统设计工作压力750Pa，排烟风管采用角钢法兰连接，现场排烟防火阀及风管安装如图33所示，监理单位在工程质量验评时，对排烟防火阀的安装和排烟风管法兰连接的工艺提出整改要求。

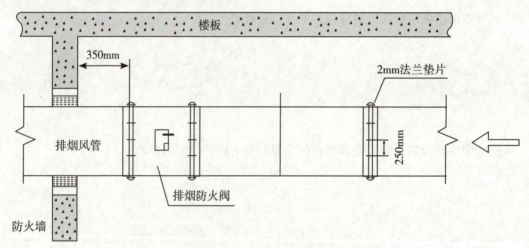

图33 排烟防火阀及风管安装示意图

数据中心F2层变配电室的某段金属梯架全长45m，敷设一条扁钢做接地保护导体，监理单位对金属梯架与接地保护导体的连接部位进行了重点检查，以确保金属梯架可靠接地。工程竣工后，B单位按期提交了工程竣工结算书。

【问题】

1.E单位突然降价的投标做法是否违规？说明理由。

2.写出图33中排烟防火阀安装和排烟风管法兰连接的正确要求。

3.变配电室的金属梯架应至少设置多少个连接点与接地保护导体可靠连接？分别写出连接点的位置。

4.计算说明风管制作安装工程合同价款予以调整的理由，该合同价款的调整金额是多少？如不考虑其他合同价款的变化，计算本工程竣工结算价款。

案例 47

【背景资料】

A公司以施工总承包方式承接了某医疗中心机电工程项目，工程内容包括给水排水、消防、电气、通风空调等设备材料的采购、安装及调试。A公司经建设单位同意，将自动喷水灭火系统（包括消防水泵、稳压泵、报警阀、配水管道、水源和排水设施）的安装和调试分包给B公司。

为了提高施工效率，A公司采用BIM四维（4D）模拟施工技术，并与施工组织方案相结合，按进度计划完成了各项安装工作。在自动喷水灭火系统调试阶段，B公司组织相关人员进行了消防水泵、稳压泵、报警阀的调试，完成后交付A公司进行系统联动试验，但A公司认为B公司还有部分调试工作未完成,且自动喷水灭火系统末端试水装置的出水方式和排水立管不符合规范规定,如图34所示。

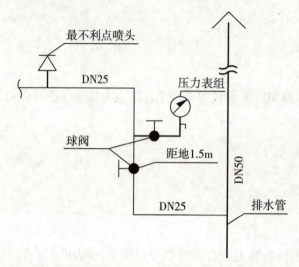

图34 自动喷水灭火系统末端试水装置

B公司对末端试水装置进行了返工,并完成相关的调试工作,交付给A公司完成联动试验等各项工作;系统各项性能指标均符合设计及相关规范的要求,工程质量验收合格。

【问题】

1.A公司采用BIM四维(4D)模拟施工技术的作用有哪些?

2.末端试水装置的出水方式和排水立管存在哪些质量问题?末端试水装置漏装了哪个管件?

3.B公司还有哪些调试工作未完成?

4.联动试验除A公司外还应有哪些单位参加?

案例 48

【背景资料】

某安装公司承接一项公共建筑的电梯安装工程,建筑有28层,共有28站曳引式电梯8台,工期90天,开工日期3月18日,其中2台消防电梯需在4月30日前交付,在通过消防验收以后,作为施工电梯使用。电梯井道的脚手架工程、机房及厅门预留孔的安全防护设施由建筑工程公司实施,验收合格。

安装公司项目部编制了电梯施工方案,书面告知了工程所在地的特种设备安全监督管理部门,工程按期开工,电梯施工进度计划见表16。

电梯安装采用流水搭接平行施工,电梯安装前,项目部对机房和井道进行交接检验,均符合要求,工程按施工进度计划实施,电梯验收合格,交付业主。

表16 电梯工程施工进度计划

序号	工序	工序时间(天)	4月						5月					
			1	6	11	16	21	26	1	6	11	16	21	26
1	导轨安装	20												
2	机房设备安装	2+6												
3	井道配管配线	3+9												
4	轿厢、对重安装	3+9												
5	层门安装	6+18												
6	电器及附件安装	4+12												
7	单机试运行调试	2+6												
8	消防电梯验收	1												
9	群控试运行调试	4												
10	竣工验收交付业主	3												

【问题】

1.电梯安装前,项目部在书面告知时应提交哪些资料?

2.厅门预留孔安全防护装置的设置有什么要求?

3.消防电梯从开工到验收合格用了多少天?电梯安装工程比合同工期提前了多少天?

4.电梯运行试验时,运行载荷和运行次数(时间)各有哪些规定?

案例 49

【背景资料】

某施工单位承接一处500kt/d的金属矿综合回收技术改造项目,该项目熔炼房内设有一台冶金桥式起重机,额定起重量为50t,跨度为19m,安装方案采用直立单桅杆吊装系统进行设备就位安装。

工程中的氧气管道设计压力为0.8MPa，材质为20号钢、304不锈钢、324不锈钢，规格主要有φ377、φ325、φ159、φ108、φ89、φ76，制氧站到地上管网及底吹炉、阳极炉、鼓风机房界区内的工艺管道共约1500m。

施工单位编制了施工组织设计和各项施工方案，经审批通过，在氧气管道安装合格具备压力试验条件后，对管道系统进行了强度试验。采用氮气作为试验介质，先缓慢升压到设计压力的50%，经检查无异常，再以10%试验压力逐级升压，每级稳压3min，直至试验压力。在试验压力下稳压10min，再降至设计压力，检查管道无泄漏。

为了保证富氧底吹炉内衬砌筑质量，施工单位对砌筑中的质量问题进行了现场调查并统计出质量问题，如表17所示，针对各质量问题分别采用因果分析图法进行分析，经确认找出了导致问题发生的主要原因。

表17 富氧底吹炉内衬砌筑质量问题统计表

序号	质量问题	频数	累计频数	频率（%）	累计频率（%）
1	错牙	44	44	47.3	47.3
2	三角缝	31	75	33.3	80.6
3	圆周砌体圆弧超差	8	83	8.6	89.2
4	端墙砌体平面度超差	5	88	5.4	94.6
5	炉膛砌体线尺寸超差	2	90	2.2	96.8
6	膨胀缝宽度超差	1	91	1.0	97.8
7	其他	2	93	2.2	100
8	合计	93			

【问题】

1.本工程哪个设备安装应编制危大工程专项施工方案？该方案编制后必须经过哪个步骤才能实施？

2.施工单位承接本项目应具备哪些特种设备施工许可资格？

3.影响富氧底吹炉砌筑的主要质量问题有哪几个？累计频率是多少？找到质量问题的主要原因之后要做什么工作？

4.直立单桅杆吊装系统由哪几部分组成？卷扬机走绳、缆风绳和起重机捆绑绳的安全系数应分别不小于多少？

5.氧气管道的酸洗钝化有哪些工序内容？计算氧气管道采用氮气进行压力试验的试验压力。

案例 50

【背景资料】

某机电安装企业通过竞标承包了某市能源中心的机电安装工程，包括管道线路施工、站场内运行设备安装等。合同约定：业主负责进口设备的采购，承包单位负责所有管道主材、非关键设备和物资的采购。

承包商通过制订详细、周密的采购计划，完成了合同采购工作。在管道线路施工过程中，发现部分线路内部存在一定程度的铜管锈蚀，可能会影响管道的安全运行。为此，该企业项目部报请业主批准，邀请相关工程专家进行了论证，制定了切实可行的措施。

在安装站场设备时，进口阀门由于运输原因不能及时到货安装，承包商为了不影响工程进度，自行购置了具有相同性能和参数的国产阀门并进行安装。监理工程师发现后下令停止安装工作。

【问题】

1.业主和承包企业应采取的合理采购方式是什么？

2.采购设备、材料时项目管理的任务包括哪些？

3.对施工过程中出现的主材问题寻求解决的办法是否属于项目采购管理的内容？

4.监理工程师下达停工令是否正确？承包商是否可以自行采购阀门？自行采购应履行哪些程序？

5.承包商自行采购阀门时，采购合同的履行环节包括哪些？采购时会面临哪些采购管理失控的风险？

案例 51

【背景资料】

某施工单位承建一安装工程，项目地处南方，正值雨季。项目部进场后，编制了施工进度计划和施工方案，方案中确定了施工方法、工艺要求及质量保证措施等，并对施工人员进行方案交底。

因工期紧张，设备提前到达施工现场，施工人员在循环水泵电动机安装接线时，发现接线盒内有水珠，擦拭后进行接线，如图35所示。

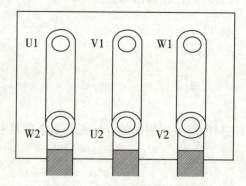

图35 电动机接线示意图

项目部在循环水泵单体试运转前，对电动机进行绝缘检查时，发现绝缘电阻不满足要求，于是采用电流加热干燥法对电动机进行干燥处理，用水银温度计测量温度时，被监理叫停。

项目部整改后，严格控制干燥温度，绝缘电阻达到规范要求。试运转中检查电动机的转向及杂声、机身及轴承温升均符合要求。

试运转完成后，项目部对电动机受潮原因进行调查分析，发现是因电动机到货后未及时办理入库、露天存放未采取防护措施所致。为防止类似事件发生，项目部加强了设备仓储管理，保证了后续施工的顺利进行。

【问题】

1.施工方案中的工序质量保证措施主要有哪些？由谁负责向作业人员进行施工方案交底？

2.图35中电动机接线为何种接线方式？电动机干燥处理时为什么被监理叫停？应如何整改？

3.电动机试运转中还应检查哪些项目？如何改变电动机的转向？

4.到达现场的设备在检查验收合格后应如何管理？只能露天保管的设备应采取哪些措施？

案例 52

【背景资料】

某建设工程公司中标并承接一大型天然气管道工程建设项目，该工程由天然气管道工程、场站工程组成，天然气干线全长1150km，管径1016mm，设计压力6.4MPa，沿线设首站1座、中间站4座、末站1座、阀室30座。站房安装质量要求高、工期紧，建设工程公司为保证质量、加快进度，组织公司技术中心和项目部人员，根据站房工程的特点，将BIM技术应用于站房施工。

建设工程公司按照工程建设程序，施工单位按照规定的时限，向监理单位报送了施工组织设计。施工组织设计内容包括：施工方案；施工现场平面布置图；施工进度计划和保证措施；劳动力及材料供应计划；安全生产、文明施工措施。

监理单位审核后认为：该施工组织设计是根据工程规模、结构特点、技术复杂程度和施工条件进行编制的，但是按照国家现行施工规范的规定，内容不完全符合要求，退回施工单位要求重新完善。经重新修改后的施工组织设计达到了规范要求，监理单位上报业主，业主批准予以实施。

在输气管道通过的地区，沿管道中心线两侧各200m范围内，有聚集居民住户57户，管道分段试压，采用气压试验，施工单位为了保证管道试压安全和工作质量，对试压准备工作进行了全面检查，检查内容包括试压方案报批、试压人员、试压设备、计量仪表（如压力表）以及质量安全保证措施落实情况，对升压过程进行了严密的监控。

【问题】

1. BIM技术应用于站房施工，在四维（4D）施工模拟方面有何作用？

2. 施工组织设计至少还应有哪些内容？

3. 机电工程项目有哪些特点？机电工程项目建设有哪些特征？

4. 为推进机电工程工业化，把安装行业的技术、管理提高到一个新的高度和新的水平，你认为在项目上应该从哪些方面着手？

案例 53

【背景资料】

某工业扩建机电安装工程采用电子方式招标投标，A、B、C三家施工企业参与投标。在招标文件中要求投标人提交投标担保，并明确评标采用综合评分法，技术部分权重（权重代码为A1，分值代码为M1）为40%，商务部分权重（权重代码为A2，分值代码为M2）为60%，最终加权得分=M1×A1+M2×A2，见表18；有效投标商务标量化得分计算时采用区间法，参见表19。在投标及评标过程中发生如下事件：

（1）在电子招标投标交易平台注册登记，企业在下载招标文件时被告知外省施工企业须提前报名、审核通过后方可参与投标。A企业补办报名手续后获得投标资格。

（2）B施工企业在投标过程中认真分析招标文件和施工图纸，对扩建工程中投资占比较大的供电系统进行了校核计算、优化设计，建议将变配电室挪至主生产线附近，供电母线、电缆、配电元器件的规格减小幅度较大，供电系统报价可降低360万元，B企业在技术标编制时详细阐述了该优化设计的方案，并附以计算书说明。

（3）三家企业的有效商务报价依次为：8600万元、8100万元和7600万元。

（4）经评标委员会评审，三家企业的技术标得分依次为：50分、56分、45分。

表18 评分汇总及得分计算表

评审内容	标准分	分值代号	权重	A企业		B企业		C企业	
				标准得分	加权得分	标准得分	加权得分	标准得分	加权得分
技术部分	100	M1	40%						
商务部分	100	M2	60%						
最终加权得分合计									

表19 商务标评审记录表（标准分为100分，分值代号为M2）

评分标准		投标人名称及评审分值					
		A企业		B企业		C企业	
β值分布	分值	β	得分	β	得分	β	得分
β≤-10%	80						
-10%<β≤-9%	82						

续表

评分标准		投标人名称及评审分值					
		A企业		B企业		C企业	
β值分布	分值	β	得分	β	得分	β	得分
−9%＜β≤−8%	84						
−8%＜β≤−7%	86						
−7%＜β≤−6%	88						
−6%＜β≤−5%	90						
−5%＜β≤−4%	92						
−4%＜β≤−3%	94						
−3%＜β≤−2%	96						
−2%＜β≤−1%	98						
−1%＜β≤0	100						
0＜β≤+1%	95						
+1%＜β≤+2%	90						
+2%＜β≤+3%	85						
+3%＜β≤+4%	80						
+4%＜β≤+5%	75						
+5%＜β≤+6%	70						
+6%＜β≤+7%	65						
+7%＜β≤+8%	60						
+8%＜β≤+9%	55						
+9%＜β≤+10%	50						
+10%＜β	45						

说明：各有效投标的评标价格X_i与基准价M的差异值$\beta=(X_i-M)/M \times 100\%$

【问题】

1.该省电子招标投标的注册登记、获取招标文件的过程是否存在不妥当管理行为？请说明理由。

2.招标文件中要求的投标担保可以采取哪几种方式缴纳？

3.根据招标文件中评标办法的规定，请计算三家投标企业的商务标得分和最终加权得分。

4.B企业技术标中的供电系统优化设计方案是否具有合理性？请说明理由。

5.本工程采用电子招标投标，电子招标投标系统根据功能的不同分为哪几个平台？

案例 54

【背景资料】

某机电工程公司通过招标承包了一台660MW火电机组安装工程，工程开工前，施工单位向监理工程师提交了工程安装主要施工进度计划（如图36所示），计划满足合同工期的要求并获业主批准。

在施工进度计划中，因为工作E和工作G需要的吊装载荷基本相同，所以租赁了同一台塔吊安装，并计划在第76天进场。

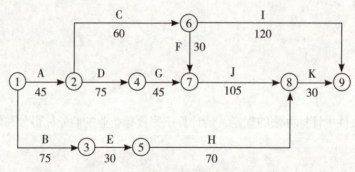

图36 施工进度计划（单位：天）

在锅炉设备搬运过程中，由于叉车出现故障在搬运途中失控，使所运设备受损，返回制造厂维修，工作B中断20天，监理工程师及时向施工单位发出通知，要求施工单位调整进度计划，以确保工程按合同工期完成。对此施工单位提出了调整方案，即将工作E调整为工作G完成后开工。

在塔吊施工前，施工单位组织编写了吊装专项施工方案，并经审核签字后组织实施。

该工程安装完毕后，施工单位在组织汽轮机单机试运转中发现，在轴系对轮中心找正过程中，轴系联结时的复找存在一定误差，导致设备运行噪声过大，经再次复找后满足了要求。

【问题】

1. 在原计划中如果按照先工作E后工作G组织吊装，塔吊应安排在第几天投入使用可使其不闲置？说明理由。

2. 工作B停工20天后，施工单位提出的计划调整方案是否可行？说明理由？

3.塔吊专项施工方案在施工前应由哪些人员签字？塔吊选用除了考虑吊装载荷参数外还应考虑哪些基本参数？

4.汽轮机轴系对轮中心找正除轴系联结时的复找外还包括哪些找正？

案例 55

【背景资料】

A公司以EPC交钥匙总承包模式中标非洲北部某国一机电工程项目，中标价2.5亿美元。合同约定，总工期36个月，支付币种为美元。设备全套由中国制造，所有技术标准、规范全部执行中国标准和规范。

工程进度款每月10日前按上月实际完成量支付，竣工验收后全部付清，工程进度款支付每拖欠一天，业主需支付双倍利息给A公司。工程价格不因各种费率、汇率、税率变化及各种设备、材料、人工等价格变化而作调整。

在施工过程中，A公司发生了下列情况：

（1）当地发生短期局部战乱，工期延误30天，窝工损失30万美元；

（2）原材料涨价，增加费用150万美元。

（3）所在国劳务工因工资待遇罢工，工期延误5天，共计增加劳务工工资50万美元。

（4）美元贬值，损失人民币1200万元。

（5）进度款多次拖延支付，影响工期4天，经济损失（含利息）40万美元。

（6）所在国税率提高，税款比原来增加50万美元。

（7）遭遇百年一遇的大洪水，直接经济损失20万美元，工期拖延10天。

（8）中央控制室接地极施工时，A公司以镀锌角钢作为接地极，遭到业主制止，业主要求用铜棒作为接地极，双方发生分歧。

（9）负荷试运行时，出现短暂停机，粉尘排放浓度和个别设备噪声超标，经修复、改造及反复测试，各项技术指标均达到设计要求，业主及时签发竣工证书并予以结算。

【问题】

1. A公司中标的工程项目包含哪些承包内容？

2. 国际机电工程总承包除项目实施中的自身风险外，还存在哪些风险？

3. A公司可向业主索赔的工期和费用金额分别是多少？

4. 业主要求用铜棒作为接地极的做法是否合理？简述理由。双方协调后，可怎样处理？

5. 负荷试运行应符合的标准有哪些？

案例 56

【背景资料】

某污水处理厂的土建工程由B公司承担；A公司中标设备安装工程，并负责设备的采购，合同工期为214天（3月1日—9月30日），约定工期提前1天奖励2万元，延误1天罚款2万元。合同签订后，项目开始施工。

因B公司的原因，污水处理厂的土建工程延误了10天才交付给A公司进行设备安装，使A公司的开工时间延后了10天。在施工过程中，因供货商的原因，A公司订购的不锈钢阀门延误15天到货，A公司施工人员对该阀门进行了外观质量检查，阀体完好、开启灵活，立即安装于工程管路上。监理工程师发现后，要求将不锈钢阀门拆下进行检验，后经试验合格又重新安装。因以上事件造成设备安装计划延误，A公司向建设单位申请工期顺延25天，被建设单位拒绝，A公司施工人员加班赶工，最终使污水处理厂的设备安装工程在9月20日完成。

设备安装工程完成后，建设单位因当地环保管理部门的要求，于9月21日未经工程验收擅自投入使用。

使用3天后，发现设备安装存在质量问题，部分不锈钢管道接头的焊缝渗漏严重，被迫停止使用。经查，是焊工违反工艺规律，造成焊缝存在大量气孔，从而导致管道接头液体渗漏。建设单位要求A公司施工人员返工抢修，经加班赶工，于9月30日通过验收。在污水处理厂工程的竣工结算中，A公司向建设单位要求38万元的工期奖励费用。

【问题】

1.送达施工现场的阀门应进行哪些试验？如何实施？

2.不锈钢管道焊接后的检验内容有哪些？

3.项目部可以向建设单位要求多少万元的工期提前奖励？说明理由。

4.本工程的质量问题由哪个单位负责修理？保修证书有哪些内容？

案例 57

【背景资料】

A集团公司（建设单位）与B安装公司（施工单位）就某大型管网安装工程签订了施工合同，合同中有以下条款：

（1）项目实施过程中，施工单位要按监理工程师批准的施工组织设计（或施工方案）组织施工，施工单位不再承担因施工方案不当而引起的工期延误和费用增加的责任。

（2）项目开工前，建设单位要向施工单位提供场地的工程地质资料和地下主要管网线路资料，供施工单位施工时参考使用。

（3）无论建设单位是否参加隐蔽工程的验收，当其提出对已经隐蔽的工程重新检验的要求时，施工单位应按要求进行剥露，并在检验合格后重新进行覆盖或修复。检验如果合格，建设单位承担由此发生的经济支出，赔偿施工单位的损失并相应顺延工期；检验如果不合格，施工单位则应承担发生的费用，工期应予顺延。

（4）施工单位应按协议条款约定的时间向建设单位提交实际完成工程量的报告。建设单位工程师代表在接到报告的7天内按施工单位提供的实际完成的工程量报告核实工程量（计量），并在计量24小时前通知施工单位。

B安装公司为加快进度，保证质量，根据管道用途、技术要求、连接方式和安装工艺，结合工程现状进行实测,决定该工程采用公司的国家级工法;"用BIM技术进行管道工厂化预制"确定了预制的对象和可预制的程度,采用了BIM技术完成了相关管线的综合设计三维模型,以导出的管段单线图作为管道工厂化预制的加工依据。

工程开工后,B安装公司项目部组织规划了管道工厂化预制场地,编制了施工方案和技术交底,并对管道安装前的现场进行了检查。

【问题】

1.请分别指出以上合同条款中的不妥之处。

2.针对合同条款中的不妥之处应如何改正?

3.施工方案应包括哪些内容?

4.施工组织设计交底有何要求?

5.规划管道工厂化预制场地有哪些要求?

案例 58

【背景资料】

某安装公司承接某商务楼机电安装工程,工程内容主要包括设备、管道和通风空调等的安装,商务楼办公区域空调系统采用多联机组。

项目部在分析预测施工成本后,采取劳动定额管理,实行计件工资制;控制设备采购;在量和价两个方面控制材料采购;采取控制施工机械租赁等措施控制施工成本,使计划成本小于安装公司下达给项目部的目标成本。

项目部依据施工总进度计划,编制多联机组空调系统施工进度计划,详见表20,报公司审批时被否定,要求重新编制。

表20 多联机组空调系统施工进度计划表

序号	工作内容	3月			4月			5月			6月		
		1	11	21	1	11	21	1	11	21	1	11	21
1	施工准备	—											
2	室外机组安装		—	—	—								
3	室内机组安装		—	—	—	—							
4	制冷剂管路连接					—	—	—					
5	冷凝水管道安装						—	—	—				
6	风管安装				—	—	—						
7	制冷剂灌注								—	—			
8	系统压力试验									—	—		
9	调试及验收移交											—	—

在检查施工质量时,监理工程师要求项目部整改下列问题:

(1)个别柔性短管的长度为300mm,接缝采用粘接。

(2)矩形柔性短管与风管连接采用抱箍固定。

(3)柔性短管与法兰连接采用压板铆接,铆钉间距为100mm。

商务楼机电工程完成后,安装公司、设计单位和监理单位分别向建设单位提交报告,申请竣工验收,建设单位组织成立验收小组,制定验收方案;安装公司、设计单位和监理单位分别向建设单位移交了工程建设交工技术文件和监理文件。

【问题】

1.项目部主要采取了哪几类施工成本控制措施？

2.项目部编制的施工进度计划为什么被安装公司否定？在制冷剂灌注前，制冷剂管道需要进行哪些试验？

3.监理工程师要求项目部整改的要求是否合理？说明理由。

4.安装公司、设计单位和监理单位应分别向建设单位提交什么报告？在验收中，设计单位需完成什么图纸？安装公司需出具什么保证书？

案例 59

【背景资料】

某大型机电工程项目经过招标投标,由具有资质的安装公司承担机电安装工程和主要机械、电气设备的采购。安装公司组建了项目部,并在合同中明确了项目经理,进场后,按合同工期、工作内容、设备交货时间、逻辑关系及工作持续时间编制了施工进度计划(见表21)。

表21 安装公司工作内容、逻辑关系及持续时间

工作内容	紧前工作	持续时间(天)
施工准备	—	10
设备订货	—	60
基础验收	施工准备	20
电气安装	施工准备	30
机械设备及管道安装	设备订货、基础验收	70
控制设备安装	设备订货、基础验收	20
调试	电气安装、机械设备及管道安装、控制设备安装	20
配套设施安装	控制设备安装	10
试运行	调试、配套设施安装	10

在计划实施过程中,电气安装滞后10天,调试滞后3天。

设备订货前,安装公司认真对供货商进行了考查,并在技术、商务评审的基础上对供货商进行了综合评审,最终选择了各方均满意的供货商,同时,组建了设备监造小组进入供货厂开始工作,并根据监造大纲编制了监造周报和月报。

在电气工程安装时,电气队对成套配电装置整定了以下内容:

(1)过电流保护整定:电流元件整定和时间元件整定。

(2)三相一次重合闸整定:重合闸延时整定和重合闸同期角整定。项目总工程师在送电前检查时,发现对成套配电装置的整定内容不全,要求电气队补充完善。

为保证设备试运行正常,在运行调试前,机械厂要求设备供货商进入现场和安装公司一起进行设备运转调试检验。

【问题】

1.根据表21计算总工期需多少天?电气安装滞后及调试滞后是否影响总工期?分别说明理由。

2.设备采购前的综合评审除考虑供货商的技术和商务外,还应从哪些方面进行综合评价?简述设备施工现场验收程序。

3.电气队对成套配电装置的整定内容还应补充哪些?

4.设备运转调试检验有何要求?

案例 60

【背景资料】

某厂的机电安装工程由A安装公司承包施工,土建工程由B建筑公司承包施工,A安装公司和B建筑公司均按照《建设工程施工合同（示范文本）》（GF—2017—0201）与建设单位签订了施工合同。

合同约定，A安装公司负责工程设备和材料的采购，合同工期为214天（3月1日到9月30日），工程提前1天奖励2万元，延误1天罚款2万元。

合同签订后，A安装公司项目部编制了施工方案、施工进度计划和设备采购计划，并经建设单位批准。

合同实施过程中发生了如下事件：

事件1：A安装公司项目部进场后，因B建筑公司的原因，土建工程延期10天交付给A安装公司项目部，使得A安装公司项目部的开工时间延后10天。

事件2：因供货厂家原因，订购的不锈钢阀门延期15天送达施工现场。A安装公司项目部对阀门进行了外观检查，阀体完好、开启灵活，准备用于工程管道安装，被监理工程师叫停，要求对不锈钢阀门进行试验，项目部对不锈钢阀门进行了试验，试验全部合格。

事件3：监理工程师发现，A安装公司项目部已开始进行压力管道安装，但未向本市特种设备安全监督管理部门书面告知。监理工程师发出停工整改指令，项目部进行了整改，并向本市特种设备安全监督管理部门书面告知。

因以上事件造成安装工期延误，A安装公司项目部及时向建设单位提出工期索赔，要求增加工期25天。项目部采取了技术措施，施工人员加班加点赶工期，使得机电安装工程在10月4日完成。

该机电安装工程完工后，建设单位在10月4日未经工程验收就擅自投入使用，在使用3天后发现不锈钢管道焊缝渗漏严重。建设单位要求项目部进行返工抢修，项目部抢修后，经再次试运转检验合格，并于10月11日重新投用。

【问题】

1. 送达施工现场的不锈钢阀门应进行哪些试验？写出不锈钢阀门试验介质的要求。

2. 施工单位在压力管道安装前未履行书面告知手续，可受到哪些行政处罚？

3.A安装公司项目部应得到工期提前奖励款还是工期延误罚款？金额是多少万元？说明理由。

4.该工程的保修期应从何日起算？写出工程保修的工作程序。

参考答案

【案例1】

1.（1）压缩机固定与灌浆的紧前工序是压缩机找平找正,紧后工序是压缩机与氢气管道连接。

（2）氢气管道吹洗的紧前工序是氢气管道压力试验,紧后工序是压缩机空负荷试运转。

2.（1）标注的安装基准线包括纵向中心线、横向中心线。

（2）测试安装标高基准线一般采用水准仪。

3.（1）防止吊索钢丝绳断脱的控制措施有:严格检查吊索钢丝绳和卸扣的规格型号及安全系数,确认其满足规范要求;钢丝绳吊索捆扎起重机大梁直角处加钢制半圆护角。

（2）防止汽车起重机侧翻的控制措施有:严禁超载;严禁违章作业;严格机械检查;打好支腿并用道木和钢板垫实加固,确保支腿稳定。

4.电动机试运行前,对电动机安装和保护接地的检查项目还应包括:

（1）检查电动机安装是否牢固,地脚螺栓是否拧紧。

（2）检查电动机的保护接地线是否可靠连接,铜芯接地线截面不小于$4mm^2$,并有防松弹簧垫圈。

【案例2】

1.（1）建筑设备监控系统深化设计的紧前工序是设备供应商的确定。

（2）深化设计的基本要求:①应具有开放结构,协议和接口都应标准化。首先了解建筑物的基本情况、建筑设备的位置、控制方式和技术要求等资料,然后依据监控产品进行深化设计。②施工深化还应做好与建筑给水排水、电气、通风空调、防排烟、防火卷帘和电梯等设备的接口确认,做好与建筑装修效果的配合工作。

2.（1）项目部编制的施工进度计划被安装公司否定的原因,其一在于系统检测应在系统试运行合格后进行,其二在于计划中缺少防雷与接地系统的施工。

（2）项目部编制的是横道图施工进度计划,这种施工进度计划的表达方式有如下缺点:

①不能反映工作所具有的机动时间,不能反映影响工期的关键工作和关键线路,也就无法反映整个施工过程的关键所在,因而不便于施工进度控制人员抓住主要矛盾,不利于施工进度的动态控制。

②工程项目规模大、工艺关系复杂时,横道图施工进度计划很难充分暴露施工中的矛盾,因此,利用横道图计划控制施工进度有较大的局限性。横道图适用于小型项目或大型项目的子项目。

3.(1)材料进场时必须根据进料计划、送料凭证、质量保证书或产品合格证,对材料的数量和质量进行验收;要求复检的材料应有取样送检证明报告。

(2)验收工作应按质量验收规范和计量检测规定进行。

4.扁钢与扁钢搭接,其搭接长度不小于扁钢宽度的2倍,且至少三面施焊,正确的扁钢焊接搭接示意图如下:

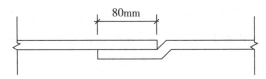

5.(1)本工程系统检测合格后,需填写4个子分部工程检测记录,分别是建筑设备监控系统、安全技术防范系统、公共广播系统和机房工程等4个子分部工程的检测记录。

(2)检测记录由检测小组填写,检测负责人作出检测结论,监理工程师(建设单位项目专业技术负责人)签字确认。

【案例3】

1.质量计划中现场质量检查还需补充的内容有:工序交接检查,隐蔽工程检查,成品保护检查。

2.(1)需要补齐高强度螺栓连接摩擦面的抗滑移系数试验报告。

(2)多节柱安装时,每节柱的定位轴线应从地面控制轴线直接引上,不得从下层柱的轴线引上,从而避免造成过大的累积误差。

3.(1)水压试验方案中的错误之处及改正方法如下:

①试验方案中使用除盐水作为试验介质不符合要求,不锈钢管道液压试验的试验介质应使用洁净水,且水中氯离子含量不得超过25ppm。

②试验方案中试验压力1.84MPa不符合要求,液压试验的试验压力应为设计压力的1.5倍,即1.6×1.5=2.4(MPa)。

（2）弹簧支架定位销的拆除被监理工程师制止是因为弹簧支架的定位销不能在水压试验前拆除，应待系统安装、试压、绝热完毕后方可拆除。

4.（1）根据相关规定，单机试运行前，对人身或机械设备可能造成损伤的部位，相应的安全设施和安全保护装置应设置完善，因此拆掉的联轴器防护罩暂不安装不符合要求。

（2）试运行过程中应测量和记录浆液循环泵轴承的温度、温升和振动等参数。

【案例4】

1.（1）根据变电所安装工作逻辑关系及持续时间表可知该工程的关键工作是A（B）、E、G、I、K，因此变电所安装的计划工期为10+15+11+20+2=58（天）。

（2）如果每项工作都按表压缩天数，AB工作可同时压缩2天，E工作可压缩3天，G工作可压缩2天，I工作可压缩3天，因此总计最多可以压缩10天，故变电所安装最多可以压缩到48天。

2.根据背景资料可知，电缆排管施工第15天结束前只完成1000m，但实际已花费200000元，而按照施工进度计划，此时应完成1500m，因此：

已完工程预算费用=1000×130=130000（元）。

已完工程实际费用=200000（元）。

计划工程预算费用=1500×130=195000（元）。

CPI=130000/200000=0.65。

SPI=130000/195000=0.67。

由于SPI<1，因此B公司电缆排管施工进度落后。

3.（1）电缆排管施工中的质量管理协调，作用于质量检查或验收记录的形成与施工实体进度形成的同步性。

（2）10kV电力电缆敷设前应做交流耐压试验和直流泄漏试验。

4.（1）变压器高压绝缘电阻的测量应使用2500V兆欧表；低压绝缘电阻的测量应使用500V兆欧表。

（2）监理工程师提出异议的原因是变压器在额定电压下的冲击合闸试验次数和每次间隔时间均不符合规范要求。

（3）正确的冲击合闸试验要求：在额定电压下对变压器进行冲击合闸试验5次，每次间隔时间宜为5min，且无异常现象。

5.（1）变电所工程可以单独验收。

（2）试运行验收中发生的问题，A公司可以提供工程合同、设计文件、施工记录和变压器安装技术说明书等施工文件来证明不是安装质量问题。

【案例5】

1.工程的总体质量计划应由总承包单位制订,其主要内容应包括质量目标、控制点的设置、检查计划安排、重点控制的质量影响因素等。

2.工程分包合同应明确分包单位的安全管理职责:

(1)工程分包合同中,分包单位应承诺执行总承包单位制定的安全管理制度,并明确分包单位的安全管理职责。

(2)分包单位应依据所承担工程的特点,制定相应的安全技术措施,报总承包单位审核批准后执行。

3.项目部提交的设计变更经审查后应通过资料管理部门及时转发给有关单位执行。重大设计变更由项目总工程师组织研究、论证后,提交建设单位组织设计、施工、监理单位进一步论证、审核,决定后由设计单位修改设计图纸并出具设计变更通知书,还应附有工程预算变更单,经建设、监理、施工单位会签后生效。

4.真空泵房负荷试运行是由工程建设总承包单位承担,应报总承包单位审查批准后实施,且尚未向有关操作人员进行技术、安全交底,以及进行试运行前的各项检查工作,只有做完这些事项并确认符合要求后,才能进行试运行。

5.采购工作应遵循"公开、公平、公正"和"货比三家"的原则。设备采购文件包括设备采购技术文件和设备采购商务文件。

【案例6】

1.审核的设备监造质量保证体系文件应包括以下内容:

(1)与监造过程相关的质量管理体系文件,如程序文件及作业工艺文件。

(2)设备制造过程中不合格品控制及其纠正措施控制程序。

(3)监造记录、检查监督员工作定期报表等。

2.进口设备验收及进场验收的规定:

(1)进口设备验收前,首先应办理报关和通关手续。

(2)经商检合格后,再按进口设备的规定,进行设备进场验收工作。

3.设备验收的主要依据为采购合同、相关技术文件标准和监造大纲。设备验收的内容主要包括核对验证、外观检查、运转调试检验和技术资料验收。

4.在试运行阶段前期所做的技术准备包括：确认可以试运行的条件；编制试运行总体计划和进度计划；制定试运行技术方案；确定试运行合格评价标准。

5.试运行阶段的不妥之处：

（1）设备联动试运行不应该由安装公司组织，试运行方案也不应由设计单位编制。

正确的做法：联动试运行应由建设单位组建统一的领导指挥体系，明确各相关方的责任，负责提供各种资源，选用和组织试运行操作人员，并负责编制联动试运行方案。施工单位负责岗位操作的监护，处理试运行过程中机器、设备、管道、电气、自动控制等系统出现的问题并进行技术指导。

（2）联动试运行前检查并确认的两个条件中"已编制了试运行方案和操作规程"不妥。

正确的做法：试运行方案需要经过批准才能实施。

（3）"建立了试运行组织，参加试运行人员已熟知运行工艺和安全操作规程"不妥。

正确的做法：参加试运行的人员还要通过生产安全考试。

【案例7】

1.图3中管件安装的质量问题及相应的整改措施如下：

（1）水泵吸水管上安装金属软管不符合要求，应将该金属软管更换为橡胶软管，即柔性接头。

（2）水泵出水管上变径管安装位置不符合要求，应将变径管安装在水泵和橡胶软管之间。

（3）水泵吸水管和出水管漏装管件不符合要求，吸水管上应安装闸阀、压力表、过滤网；出水管上还应安装止回阀。

（4）水泵和电机底座应设置减振装置。

2.水泵安装质量预控方案包括：工序名称、可能出现的质量问题、提出的质量预控措施。

3.由项目部的专业工程师提出材料代用的设计变更申请单，经项目部技术部门审核后，送交建设（监理）单位审核；经设计单位同意后，由设计单位签发设计变更通知书，并经建设（监理）单位会签后生效。

4.15CrMo钢管的进场验收要求如下：

（1）检查管道元件及材料的产品质量证明文件。

（2）核对管道元件及材料的材质、规格、型号、数量和标识，并进行外观质量和几何尺寸的检查验收。

（3）采用光谱分析的方法对材质进行复查，并做好标识。

【案例8】

1.（1）在预制场内涂装作业区入口设置的禁止标志的内容是禁止烟火、禁止穿化纤服、禁止穿带钉鞋。

（2）在动火点设置的禁止标志的内容是禁放易燃品。

2.（1）管道起点、终点和转折点坐标使用激光经纬仪。

（2）管道管顶标高使用激光水准仪。

3.本工程在编制焊接工艺作业指导书时，可以选用的焊接方法有：焊条电弧焊、单丝埋弧焊、钨极气体保护焊、熔化极气体保护焊、自保护药芯焊丝电弧焊等。

4.图4中地下管网在施工过程中存在的重大危险源有深基坑作业、管沟开挖坍塌、高空坠落、吊装伤害、焊接作业引发火灾、触电、无损检测射线伤害、受限空间作业窒息、中毒、燃烧爆炸、烧伤烫伤。

【案例9】

1.台风季节海边易发生风暴潮，加之降水量大，破土动工风险大，环境条件差，会影响土建工程质量，即不具备施工条件（向海排水管沟易受大潮冲刷淹埋），不能安排持续施工，宜避开台风和汛期以抢工形式安排平行施工，短期内完成建设任务。

2.主要是计划编制和报审环节失控。

正确的做法：总承包单位要将工程建设总体进度计划告知各参建的分包单位；各分包单位按工程建设总体计划控制的工期，编制所承担的工程进度计划，并送总承包单位审核确认；确认要有书面告知；如有异议希望调整计划的，也应及时书面告知修正；流程要在分包合同或工程项目管理制度中有所体现。

3.总承包单位没有收到蒸汽管网试压报告进行验证确认，而施工现场已安排保温施工，显然在施工管理上有失控现象；施工工艺文件或作业指导书不能违反施工工艺纪律或规范规定，因而保温施工被叫停。只有蒸汽管网试压已合格，报告被确认后，才可恢复保温施工。

4."三废"排放的管理是施工环境管理的重要内容。正确的做法是要制定在施工活动中产生的"三废"防治或处理方案，并与工程所在地政府相关管理部门沟通，依法妥善处置"三废"。

5.制氧站污油排放管理不当，因为试运行组织准备管理不当，要重新审核组织准备工作，审核重点是试运行领导指挥机构分工是否明确，是否对作业人员进行技术交底、安全防范交底以及其他重要注意事项的交底。

【案例10】

1.A公司还应从竣工验收、质量、安全、进度、工程款支付等方面对B公司进行全过程管理。

2.（1）A公司可以索赔的费用：

65+43+4.8×25+18=246（万元）。

（2）索赔成立的前提条件是：

①与合同对照，事件已经造成了承包人工程项目成本的额外支出或直接工期损失。

②造成费用增加或工期损失的原因，按合同约定不属于承包人的行为责任或风险责任。

③承包人按合同规定的程序和时间提交索赔意向通知和索赔报告。

3.（1）根据规范要求，埋地钢管道的试验压力应为设计压力的1.5倍且不低于0.4MPa，本工程埋地管道设计压力为0.2MPa，经计算1.5×0.2=0.3（MPa），小于0.4MPa，因此本工程埋地管道的试验压力应为0.4MPa。

（2）对清洗合格的管道，应采取封闭或充氮保护措施。

4.本工程卫生器具安装不合格，理由如下：

（1）卫生器具检验批的水平度及垂直度偏差属于一般项目，一般项目允许有一定的偏差，但最多不超过20%的检查点可以超过允许偏差，且测量值不超过允许值的150%。

（2）针对卫生器具的水平度和垂直度偏差，在20个测量值中有3个测量值超出了允许偏差，满足不超过20%的检查点可以超过允许偏差的规定，但水平度测量值3.5mm超过了水平度允许偏差2mm的150%，因此本工程卫生器具安装不合格。

5.（1）波纹管膨胀节内套焊缝安装在介质流向的流出端不符合要求。波纹管膨胀节或补偿器内套有焊缝的一端，水平管路上应安装在水流的流入端，垂直管路上应安装在上端。

（2）法兰螺栓孔中心线与管道的垂直中心线和水平中心线重合不符合要求。法兰螺栓孔应跨中布置。

（3）管道对口处的平直度偏差为3/200×100%=1.5%不符合要求。管道对口平直度允许偏差应为1%。

【案例11】

1.（1）施工技术交底的层次、阶段及交底形式应根据工程的规模和施工的复杂难易程度及施工人员的素质来确定。

（2）施工技术交底必须在施工前完成。

2.（1）灯具底座安装采用塑料塞固定不符合要求。灯具安装应牢固，在砌体或混凝土结构上严禁使用木楔、尼龙塞、塑料塞固定，应采用预埋吊钩、膨胀螺栓等安装固定。

（2）导管吊架采用ϕ6mm圆钢吊架不符合要求。导管圆钢吊架直径不得小于8mm，并应设防晃支架。

3.（1）分部工程观感质量的验收方式有观察、触摸、简单量测。

（2）评判观感质量的依据是个人的主观印象判断，检查结果并不给出"合格"或"不合格"的结论，而是综合给出质量评价。

【案例12】

1.烟囱工程按验收统一标准可划分的分部工程有：

（1）烟囱外筒钢筋混凝土结构分部工程。

（2）烟囱平台及梯子钢结构安装分部工程。

（3）烟囱内筒设备安装分部工程。

（4）烟囱内筒防腐蚀分部工程。

（5）烟囱内筒绝热分部工程。

2.钢结构平台在吊装过程中，吊装设施的主要危险因素有：

（1）烟囱外筒顶端支撑钢结构吊装钢梁的混凝土强度不能满足承载能力的要求。

（2）钢结构吊装钢梁强度及稳定性不够。

（3）钢丝绳安全系数不够。

（4）起重机具（卷扬机、滑车组）不能满足使用要求。

3.（1）C公司在焊接前应完成的焊接工艺文件有：焊接工艺评定报告、焊接作业指导书。

（2）焊工应取得的证书是特种作业操作证。

4.（1）钢筒外表面除锈应采用喷射除锈或抛射除锈。

（2）在焊缝外表面的质量检查中，不允许存在的质量缺陷还有裂纹、未焊透、未焊满、未熔合、表面气孔、外漏夹渣。

【案例13】

1.（1）机电项目部现场施工管理人员应补充劳务员、机械员、标准员。

（2）项目部主要人员还应补充项目副经理、项目部技术人员，以及满足施工要求且经考核或培训合格的技术工人。

2.（1）采取每3节风管在地面组装并局部保温后整体吊装的施工方法，属于技术措施。

（2）自行研制风管吊装卡具，用4组电动葫芦配合2台曲臂车完成风管吊装及连接，属于新技术的技术措施。

（3）根据需求限定7~8人配合操作，曲臂车操作人员取得高空作业操作证，属于经济措施。

（4）为相关人员购买意外伤害保险，属于合同措施。

3.（1）穿过机房墙体部位风管的防护套管与保温层之间有20mm的缝隙，不符合要求，应采用不燃柔性材料封堵严密。

（2）防火阀距离墙体500mm，不符合要求，防火阀距离墙体应不大于200mm。

（3）为确保调节阀手柄操作灵敏，调节阀阀体未进行保温，不符合要求，调节阀阀体应进行保温，但要保留调节手柄的位置，保证操作灵活方便。

（4）因空调机组即将单机试运行，项目部已将机组过滤器安装完毕，不符合要求，机组过滤器应在单机试运转完成后安装。

【案例14】

1.（1）E公司提出抗议合理。

（2）由于《中华人民共和国招标投标法》明确规定，招标人非法限定投标人的所有制形式属于不平等招标。本案例是公开招标，招标人取消E公司投标资格属于违法行为。

2.本案例中评标委员会的构成存在以下问题：

（1）评委不应是8人，应为5人以上单数（奇数）。

（2）评标委员会的评委不应全部是建设单位人员，还应有从专家库中随机抽取的专家。

（3）评委专家缺少经济专家。

（4）技术和经济方面的专家人数未达到成员总数的2/3以上。

3.按照《中华人民共和国招标投标法》的规定，既然是招标而不是议标，就要充分体现公开、公平、公正的原则，报价一旦公布即不得更改，否则就不公平、不公正，也避免有暗箱操作之嫌，故A公司拒绝下浮总价符合《中华人民共和国招标投标法》的规定。

4.设备监造大纲的主要内容：

（1）制订监造计划及进行控制和管理措施。

（2）明确监造单位。

（3）明确监造过程及全程监造或重点部位监造。

（4）配备有资质的监造技术人员。

（5）明确监造的技术要点和验收实施要求。

5.（1）图10中锅炉烟风道上的非金属补偿器的主要作用：补偿管道的热伸长，减小管壁的热胀力和作用在阀件或支架结构上的作用力。

（2）根据相关规定，烟风道上的非金属补偿器在安装时应确保导流板安装方向及间隙符合设计要求，有足够的膨胀补偿量且密封良好。

【案例15】

1.（1）B公司在水泵初步找正后即进行管道的连接，导致无法正常对口，后又用手拉葫芦强制调整管道，导致管道承受了较大的附加外力，因此A公司制止了凝结水管道的连接。

（2）B公司应在水泵安装定位并紧固地脚螺栓后再进行管道和设备的连接，并在连接前，在自由状态下检验法兰的平行度和同轴度，以保证管道与设备接口同心，避免管道和设备承受较大的附加外力。

（3）在联轴节上应架设百分表监视设备的位移。

2.（1）监理工程师制止土方回填的理由：在工程具备隐蔽条件时，施工单位应在隐蔽前48h以书面形式通知建设单位或监理单位进行验收，验收合格后方能进行下一道工序。

（2）隐蔽工程验收通知内容：隐蔽验收的内容、隐蔽方式、验收时间和验收地点。

3.（1）已经就位在弹簧支座上的凝汽器，灌水试验前应加设临时支撑，灌水试验后应及时把水放净。

（2）轴系中心复找工作应在凝汽器灌水至模拟运行状态下进行。

4.建设工程项目投入试生产前应完成消防验收；试生产阶段应完成安全设施验收和环境保护验收。

【案例16】

1.（1）A公司项目部确定专职安全生产管理人员人数的依据是施工规模，即工程总造价。

（2）编制的大件设备运输方案中用自制吊装门架配合卷扬机、滑轮组进行设备的垂直运输，需要组织专家论证。

理由：采用非常规起重设备、方法，且单件起吊重量在100kN及以上的起重吊装工程，属于超过一定规模的危大工程，需要组织专家论证。

2.（1）桥式起重机被市场监督管理部门特种设备安全监察人员责令停止使用的原因：桥式起重机安装后仅由建设单位和监理单位验收合格即开始使用，不符合要求。

（2）桥式起重机安装属于特种设备安装，特种设备安装过程中及竣工后，应当经相关检验机构监督检验，未经监督检验或监督检验不合格的，不得交付使用。

3.（1）负荷试运行应由建设单位组织实施。

（2）本次质量事故处理程序，还需完成的过程有：事故调查；撰写质量事故调查报告；提交质量事故处理报告。

4.（1）与合同对照，事件已经造成了承包商工程项目成本的额外支出或直接工期损失。

（2）造成费用增加或工期损失的原因，按合同约定不属于承包商的行为责任或风险责任。

（3）承包商按合同规定的程序和时间提交索赔意向通知和索赔报告。

【案例17】

1.（1）劳动力计划调整后，3月份的施工人员是20人，7月份的施工人员是120人，即40+20+30+30=120（人）。

（2）劳动力优化配置的依据包括：项目所需劳动力的种类及数量；项目的施工进度计划；项目的劳动力资源供应环境。

2.（1）第一批进场的阀门按规范要求最少应抽查44个进行强度试验，即4+8+2+3+4+7+9+2+3+2=44（个）。

（2）DN300闸阀的强度试验压力应为2.4MPa，即1.6×1.5=2.4（MPa）。

（3）DN300闸阀的强度试验最短持续时间是180s。

3.（1）根据背景资料图12中所示情况，水泵运行时会产生以下不良后果：

①进水管的同心异径接头会形成气囊。

②压力表没有设置表弯，会受到压力冲击而损坏。

（2）合格的返工部分示意图如下：

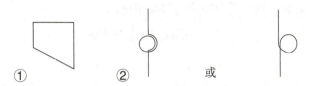

4.本工程在联动试运行中需要与电气系统、仪表装置系统、自动控制系统、联锁报警系统、通风空调系统、火灾自动报警及消防联动控制系统，以及建筑装饰装修专业系统协调配合。

【案例18】

1.安装公司编制的施工方案还应包括施工安排、施工方法及工艺要求、施工进度计划、资源配置计划。

2.表8中第3节和第5节母线槽绝缘电阻测试值不符合规范要求。在安装母线槽前，应测量每节母线槽的绝缘电阻值，且绝缘电阻值不小于20MΩ。

3.母线槽安装不符合规范要求之处及正确做法如下：

（1）圆钢吊架直径为6mm不符合要求，圆钢吊架直径应不小于8mm。

（2）圆钢吊架间距为3m不符合要求，圆钢吊架间距应不大于2m。

（3）母线槽转弯处仅有1副吊架不符合规范要求，应在转弯处增设吊架。

4.各个单位导致工期延误的原因分析如下：

（1）建设单位的原因：提出设计变更；建设资金不落实；工程款未及时支付给施工单位，影响母线槽采购及施工进度。

（2）设计单位的原因：在建设单位对母线槽的用途提出新的要求后，未及时修改出图，影响母线槽制作及施工。

（3）施工单位的原因：未能很好地进行成品保护导致母线槽受潮，绝缘电阻测试不合格；吊架安装不符合规范要求需要返工，造成工期延误。

【案例19】

1.项目部在设置生活营地时需要与村委会及居民、公安部门、医疗部门、电力部门、铁路部门、环保部门等沟通协调。

2.（1）在施工场界对噪声进行实时监测与控制，现场噪声排放不得超过国家标准；尽量使用低噪声、低振动的机具，采取隔声与隔振措施。

（2）夜间电焊作业采取遮挡措施，避免电焊弧光外泄；大型照明灯具应控制照射角度，防止强光外泄。

3.变压器交接试验还应补充的内容有绝缘油试验；绕组连同套管的直流电阻测量；绕组连同套管的交流耐压试验。

4.（1）施工单位项目管理混乱、现场协调不好，施工方案和施工方法不当。

（2）设计单位修改设计图纸，且施工图纸提供不及时。

（3）其他有关部门的影响。

【案例20】

1.（1）本工程空调系统设置类型的选用除考虑建筑的用途和规模外，还应考虑使用特点、热湿负荷变化情况、参数及温湿度调节和控制要求、工程所在地区气象条件、能源状况，以及空调机房的面积和位置、初投资和运行维修费用。

（2）风机盘管与新风系统按空气处理设备的设置划分属于半集中式系统，按承担室内空调负荷所需的介质划分属于空气-水系统。

2.（1）预作用消防系统一般适用于建筑装饰要求较高、不允许有水渍损失、灭火要求及时的建筑和场所。

（2）预作用阀之后的管道充气压力最大应为0.03MPa。

3.（1）风口安装与装饰装修交叉施工应注意风口与装饰装修工程结合处的处理形式要正确，对装饰装修工程的成品保护要到位。

（2）风管与排风机连接处的技术要求：风管与排风机连接处应设置长度为150～250mm的柔性短管；柔性短管松紧适度、不扭曲，柔性短管不宜作为找平找正的异径连接管。

4.（1）绿色施工评价指标按其重要性和难易程度分为控制项、一般项、优选项。

（2）单位工程施工阶段的绿色施工评价由监理单位组织，建设单位和项目部参加。

5.（1）离心水泵单体试运行的目的：考核离心水泵的机械性能，检验离心水泵的制造、安装质量和设备性能是否符合规范和设计要求。

（2）主要检测的项目包括机械密封的泄漏量、填料密封的泄漏量、温升、泵的振动值。

【案例21】

1.（1）工程中施工组织设计的编制符合规定。因为施工组织设计由项目负责人主持编制，所以工程中施工组织设计由项目经理主持编制，符合规定。

（2）工程中施工组织设计的审批不符合规定。因为施工组织设计应由施工单位技术负责人审批，所以工程中施工组织设计由项目技术负责人审批，不符合规定。

2.（1）管道水压试验时压力表的使用正确。

（2）理由：按照规定，管道系统压力试验所使用的压力表应已校验合格，并在检定合格有效期内，其精度不低于1.6级，数量不少于2块。因此本工程试压共使用3块精度为1.0级的压力表，校验合格且在有效期内，检定记录完备，符合要求。

3.安装公司在蒸汽管道安装施工过程中存在的危险源主要有高空坠落、倒塌、坍塌、堆放散落、机械伤害、火灾、爆炸、触电、弧光灼眼、烟气中毒、压力试验伤害。

4.（1）蒸汽管道安装前应办理书面告知手续，书面告知直辖市或设区的市级特种设备安全监督管理部门（工程所在地市场监督管理部门）。

（2）蒸汽管道交付使用前应办理监督检验手续，监督检验手续在相关检验机构办理。

【案例22】

1.不正确。G工作施工过程连续降雨累计20天，其中15天属于有经验承包方不能合理预见的，5天是承包单位应承担的风险。

2.因为方案论证的费用和时间是承包单位应承担的。

3.不妥当。甲建设单位与丙施工单位没有合同关系；调试除尘设备属施工单位原因。

4.调试除尘设备索赔处理程序：

（1）丙施工单位向乙总承包单位提出索赔，乙总承包单位向丁监理单位提出索赔意向书。

（2）监理单位收集与索赔有关的资料。

（3）监理单位受理乙总承包单位提交的索赔意向书。

（4）总监理工程师对索赔申请进行审查，初步确定费用额度和延期时间，与乙总承包单位和建设单位协商。

（5）总监理工程师对索赔费用和工程延期作出决定。

5.项目监理机构组织协调的方法有：会议协调法、交谈协调法、书面协调法、访问协调法和情况介绍法。

【案例23】

1.（1）监理工程师叫停履带起重机组装的做法正确。

（2）理由：现场组装250t履带起重机属于超过一定规模的危险性较大的分部分项工程，编制的专项施工方案除经安装公司技术负责人和总监理工程师审批外，还应由安装公司组织专家论证会对专项施工方案进行论证。

2.（1）电机转向错误的处理方法：在电源侧或电机接线盒侧任意对调两根电源线。

（2）轴承润滑脂乳化的处理方法：更换合适的润滑油。

（3）电机试运行时，在轴承表面测得的温度不得高于环境温度40℃，轴承振动速度有效值不得超过6.3mm/s。

3.（1）筒节纵向焊缝间距为160mm不合格。卷管同一筒节两纵焊缝间距不应小于200mm。

（2）管外壁加固环的对接焊缝与卷管纵向焊缝间距为70mm不合格。有加固环、板的卷管，加固环、板的对接焊缝应与管子纵向焊缝错开，间距不应小于100mm。

【案例24】

1. A公司对B公司进行考核和管理的内容还有技术装备、技术管理人员资格、履约能力。

2. 自动喷水灭火系统安装被监理工程师要求整改的原因：

（1）直立式喷头运到施工现场，经外观检查后，立即与消防管道同时进行安装，不符合要求。自动喷水灭火系统的闭式喷头应在安装前进行密封性能试验，且必须在系统试压、冲洗合格后进行安装。

（2）喷头溅水盘距楼板200mm，不符合要求。直立式喷头溅水盘与顶板的距离应为75～150mm。

（3）两个喷头之间的距离为3.6m，不符合要求。停车库的火灾危险等级为中危险级Ⅱ级，喷头间距采用正方形布置的边长不应超过3.4m。

3. 自动喷水灭火系统的调试还应补充的项目：消防水泵的调试、稳压泵的调试、排水设施的调试。

4.（1）消防管道维修不在保修期内。

（2）理由：建设工程的保修期自竣工验收合格之日起计算，与何时投入使用无关，且给水排水管道的保修期为2年，因此该停车库项目在竣工验收合格12个月后投入使用，投入使用12个月后，消防管道漏水，已超过保修期限。

（3）根据《建设工程质量管理条例》的规定，消防管道已超过保修期限，因此该维修费用应由建设单位承担。

【案例25】

1.（1）制冷机组滑动轴承间隙要测量顶间隙、侧间隙、轴向间隙。

（2）顶间隙采用压铅法；侧间隙采用塞尺测量；轴向间隙采用塞尺或千分表测量。

2.（1）针对主轴承烧毁事件，项目部在自检、互检、专检等环节上均出现了问题。

（2）自检中，操作人员没有做好自己的工作把关；互检中，操作人员之间没有做好相互监督；专检中，质量检验员没有做好试车前检查。

3.建设单位负责人接到报告后应于1小时内向当地有关部门报告。

4.钢结构的一级焊缝中还可能存在的表面质量缺陷有：焊缝尺寸不符合要求、气孔、夹渣、裂纹、焊瘤。

【案例26】

1.（1）项目经理根据项目大小和具体情况，按分部、分项工程和专业配备技术人员。

（2）保温材料到达施工现场应检查的质量证明文件有出厂合格证书和化验、物性试验记录。

2.（1）图16中存在的安全事故危险源有：料仓上平面洞口无防护栏杆，存在高空坠落的危险；料仓焊接成整体之前，存在吊装伤害和物体打击的危险；临时设施固定不牢，存在坍塌倒塌的危险；钢丝绳和绳扣的安全系数或质量不符合要求，存在断脱的危险；对不锈钢壁板进行高空组对焊接作业，存在高空坠落和触电的危险。

（2）不锈钢壁板组对焊接作业过程中存在的职业健康危害因素有电焊烟尘、锰及其化合物、一氧化碳、氮氧化物、臭氧、紫外线、红外线、高温、高处作业。

3.料仓出料口端平面标高基准点的测量应使用水准仪，纵横中心线的测量应使用经纬仪。

4.项目部编制的吊耳质量问题调查报告应及时提交给建设单位、监理单位和本单位（A公司）管理部门。

【案例27】

1. 气体处理装置工程包括的分部工程除土建工程、设备工程、管道工程外，还有钢结构工程、电气工程、自动化仪表工程、防腐蚀工程、绝热工程。

2.（1）气体压缩机吊装专项施工方案的审核人员是施工单位技术负责人，审查人员是总监理工程师。

（2）方案实施的现场监督人员是项目部专职安全生产管理人员。

3.（1）压缩机固定后在试运转前的工序有设备灌浆；设备零部件清洗与装配；润滑与设备加油。

（2）压缩机的装配精度包括：各运动部件之间的相对运动精度，配合面之间的配合精度和接触质量。

4. 压缩机单机试运行前还应完成以下设备及系统的调试：驱动装置、传动装置、单台机械设备、电气系统、液压系统、气动系统、冷却系统、加热系统、检测系统、控制系统。

【案例28】

1. 设备运输方案被监理单位和建设单位否定的原因及改正措施如下：

（1）设备的牵引绳不能直接绑扎在混凝土结构柱上，应在混凝土柱四角使用木方（或角钢）对混凝土柱进行保护。

（2）牵引绳采用结构柱为受力点，须报原设计单位校验同意后实施。

2.（1）检定合格的电能表是电费结算的依据，必须经省级计量行政主管部门依法授权的计量检定机构进行检定，合格后才能使用。

（2）项目部编制的设备监造周报和监造月报的主要内容有：

①设备制造进度情况。

②质量检查的内容。

③发现的问题及处理方式。

④前次发现问题处理情况的复查。

⑤监造人、监造时间等其他相关信息。

3. 本工程可以索赔的工期和费用计算如下：

（1）本工程可以索赔的工期：20+40=60（天）。

（2）本工程可以索赔的费用：50+20=70（万元）。

4.（1）项目部采用的试压及冲洗用水不合格。不锈钢管道的试压及冲洗用水均应使用洁净水，且水中氯离子的含量均不应超过25ppm。

（2）建设单位否定施工单位拒绝阀门维修的理由：阀门虽为建设单位指定产品，但是阀门合同的签订及采购均是由施工单位负责，而且该工程尚处于保修期内，因此施工单位应负责维修。

【案例29】

1.（1）防雷引下线与接闪器还可以采用卡接器连接；防雷引下线与接地装置还可以采用螺栓连接。

（2）本工程降低接地电阻的措施包括添加降阻剂；换土；设置接地模块。

2.送达监理工程师的隐蔽工程验收通知书应包括隐蔽验收的内容、隐蔽方式、验收时间和验收地点。

3.（1）本工程电涌保护器接地导线的位置不宜靠近出线位置，连接导线的长度应足够短且不宜大于0.5m。

（2）柔性导管长度与电气设备连接的要求：在动力工程中不大于0.8m；在照明工程中不大于1.2m，且连接处应采用专用接头。

4.变配电室工程的成本降低率计算如下：

计划费用：10+5+20+10+30+90+80+5+30+4+2=286（万元）。

赶工费用：2×1+2×1+3×2+3×2=16（万元）。

提前6天奖励费用：6×5=30（万元）。

赶工后实际费用：286+16+3-30=275（万元）。

变配电室工程的成本降低率=（计划成本-实际成本）/计划成本

$$=（286-275）/286×100\%=3.85\%。$$

5.在工程验收时的抽样检验，除主要使用功能符合相关规定以外，安全、节能、环境保护等也应符合相关规定。

【案例30】

1.（1）临时用电工程施工作业进度计划被监理公司否定的原因：表中电杆组立和导线架设同时进行不符合要求，按照施工顺序，导线架设需要在电杆组立完成后进行。

（2）修改后的施工作业进度计划工期需要50天。

2.（1）B公司制定的安全生产责任体系，约定项目副经理对本项目的安全生产负全部领导责任，为安全生产第一责任人，不妥。应约定项目经理对本项目的安全生产负全部领导责任，并为安全生产第一责任人。

（2）项目总工程师对本项目的安全生产负部分领导责任，不妥。项目总工程师对本项目的安全生产负技术责任。

3.（1）部件①是横担，作用是装在电杆上端，用来固定绝缘子架设导线，有时也用来固定开关设备或避雷器。

（2）部件②是绝缘子，作用是用来支持固定导线使导线对地绝缘，并承受导线的垂直荷重和水平拉力。

【案例31】

1.表12中管道组成件还包括Y型过滤器、六角螺栓、法兰垫片、压制弯头、压力表。

2.（1）安装公司施工人员在阀门开箱验收时的做法不正确。

（2）设备开箱验收时，虽然设备的出厂合格证等质量证明文件齐全，但实际设备却存在质量问题或缺陷，因此应视为不合格产品，采购方应按有关规定对不合格产品拒绝接收。

3.（1）在起重机竣工资料报验时监理工程师的做法不正确。

（2）特种设备起重机是指额定起重量大于等于3t，且提升高度大于等于2m的起重机，故背景资料中的2t×6m单梁桥式起重机不在规定范围之内，因此不需要书面告知和监督检验。

4.（1）鼓风机房冷却水管道系统冲洗的合格标准是排出口的水色和透明度与入口水目测一致。

（2）系统冲洗的最低流速为1.5m/s。

（3）系统冲洗的最小流量必须满足工程中最大直径钢管的最低流速要求，因此系统冲洗所需最小流量应依据DN100的管道进行计算。

【案例32】

1.（1）本工程需要办理特种设备安装告知的项目有工艺管道安装、32/5t桥式起重机安装。

（2）安装公司应在特种设备安装施工前办理书面告知。

2.（1）桥式起重机安装方案论证时，还需补充的验收内容有与危大工程施工相关的施工人员、施工环境、安全设施。

（2）方案论证应由安装公司组织。

3.（1）压缩机组安装方案中还需补充的计量器具有水平仪、水准仪、游标卡尺、塞尺、压力表、温度计、兆欧表、接地电阻测量仪等。

（2）安装现场计量器具的使用存在的问题：钳工使用的计量器具无检定标识。应对无检定标识的计量器具重新检定，且将检定合格证随附在计量器具上。

4.（1）垫铁和地脚螺栓安装存在的问题及整改措施如下：

①15mm厚的平垫铁放在最下面不符合要求。放置平垫铁时，厚的放在下面，薄的放在中间，因此由图20可知15mm厚的平垫铁应放在中间。

②斜垫铁露出设备底面外缘60mm不符合要求。斜垫铁宜露出设备底面外缘10～50mm。

③地脚螺栓距离孔壁10mm不符合要求。地脚螺栓任一部分与孔壁的间距不宜小于15mm，且底端不应碰触孔底。

（2）整改后的质量检查应形成隐蔽工程验收记录（表）。

5.压缩机组空负荷试运转合格，理由如下：

（1）压缩机组运行中润滑油油压保持0.3MPa，不小于规定值0.1MPa，符合要求。

（2）运行中曲轴箱及机身内润滑油的温度不高于65℃，未超过规定值70℃，符合要求。

（3）各部位无异常现象，符合要求。

【案例33】

1.工艺设备施工技术交底中，还应增加的施工质量要求有质量保证措施，检验、试验和质量检查验收评级依据。

2.（1）图21中气体管道的压力表与温度表取源部件的安装位置不正确。

（2）理由：压力取源部件与温度取源部件在同一管段上时，压力取源部件安装在温度取源部件的上游侧。

（3）蒸汽管道压力表取压点应位于管道的上半部，以及下半部与管道水平中心线成0°～45°夹角范围内。

3.（1）管道绝热按其用途可以分为保温、保冷、加热保护三种类型。

（2）水平管道金属保护层的纵向接缝应位于管道侧下方，并顺水搭接，即"上搭下"。

4.因为，成本降低率=（计划成本−实际成本）÷计划成本×100%。

所以，计划成本=实际成本÷（1−成本降低率）。

所以，各分部工程的计划成本之和=450÷（1−10%）+345÷（1+15%）+300÷（1−25%）+

597÷（1–0.5%）=500+300+400+600=1800（万元）。

因此，项目总的成本降低率=［1800–（450+345+300+597）］÷1800×100%=（1800–1692）÷1800×100%=6%。

【案例34】

1.（1）空调工程的施工技术方案编制后，组织实施交底应在作业前进行，并分层次展开，直至交底到施工操作人员，并有书面交底资料。

（2）对于重要项目的技术交底文件，应由项目技术负责人审批，并在交底时到位。

2.（1）管道接口焊缝设置在套管内不符合要求。管道接口焊缝不应在套管内，应设置在套管外。

（2）管道穿越防火墙，管道与套管之间的缝隙采用聚氨酯发泡封堵不符合要求。管道与套管之间的缝隙应采用不燃绝热材料进行防火封堵。

3.（1）空调供水管的试验压力：1.3+0.5=1.8（MPa）。

（2）冷却水管的试验压力：0.9×1.5=1.35（MPa）。

（3）试验压力最低不应小于0.6MPa。

4.试验过程中发现空调供水管个别法兰连接处和焊缝处有渗漏现象，施工人员严禁继续升压，严禁带压紧固螺栓、补焊或修理。

【案例35】

1.（1）该工程管道采用70mm厚岩棉保温，而图23中滑动支架安装高度仅为50mm，由此绝热层会妨碍管道热位移，因此应增加滑动支架的安装高度使之稍大于保温层的厚度。

（2）蒸汽管道有热位移，因此其吊杆应偏置安装，吊点应设在位移的相反方向，并按位移值的1/2偏位安装。

2.（1）锅炉按出厂形式分为整装锅炉和散装锅炉。

（2）锅炉生产厂家还应补充的与安全有关的技术资料有：受压元件强度计算书或计算结果汇总表，安全阀排放量计算书或计算结果汇总表。

3.（1）安全技术交底还应补充的内容有：工程项目和分部分项的概况，发现事故隐患应采取的措施，发生事故后应采取的避难、应急、急救措施。

（2）安全技术交底记录整理归档为一式两份不妥，应为一式三份；分别由安全员、施工班组留存不妥，应分别由工长、施工班组、安全员留存。

4.（1）监理工程师要求修改施工组织设计合理。

（2）理由：安装公司将蒸汽主管的焊接方法进行了变更，安装公司将蒸汽主管的焊接改为底层采用氩弧焊焊接、面层采用电弧焊焊接，属于主要施工方法有重大调整，因此需要对原来的施工组织设计进行修改或补充，并对修改或补充的施工组织设计按原审批级别重新审批后实施。

【案例36】

1.施工方案技术交底除背景资料中描述的操作方法和要领、安全措施以外，还应包括工程的施工程序和顺序、施工工艺、质量控制、环境保护措施等。

2.锅炉受热面的施工程序：设备及其部件清点检查→合金设备（部件）光谱复查→通球试验与清理→联箱找正划线→管子就位对口焊接→组件地面验收→组件吊装→组件高空对口焊接→组件整体找正等。

3.（1）①及时调整锅炉受热面的组合安装顺序，修改完善锅炉受热面安装施工方案，属于技术措施。

②紧急协调15名施工人员支援锅炉受热面的组合安装工作，对施工人员重新分工，明确施工任务和责任，属于组织措施。

（2）施工进度计划调整的内容：施工内容、工程量、工作关系、起止时间、持续时间、资源供应。

4.（1）相邻两组垫铁间距为1500mm，不符合要求。

改正：相邻两组垫铁间的距离，宜为500～1000mm。

（2）垫铁端面未露出设备底面外缘，不符合要求。

改正：设备调平后，垫铁端面应露出设备底面外缘，平垫铁宜露出10～30mm，斜垫铁宜露出10～50mm。

【案例37】

1.（1）本工程中，工程公司应当每半年至少组织一次现场处置方案演练。

（2）应急预案演练结束后，应急预案演练组织单位应当对应急预案演练效果进行评估，撰写应急预案演练评估报告，分析存在的问题，并对应急预案提出修订意见。

2.（1）图25中取压点范围适用于蒸汽介质管道。

（2）温度取源部件安装被监理要求整改的原因：

①温度取源部件顺着介质流向安装不正确。温度取源部件与管道呈倾斜角度安装时，宜逆着介质流向安装，其轴线与管道轴线相交。

②温度取源部件在管道的焊缝上开孔焊接不正确。安装取源部件时，不应在设备或管道的焊缝及其边缘上开孔及焊接。

3.（1）联轴器的装配采用加热装配法。

（2）质量部门提出异议合理。

（3）正确做法：将两个半联轴器一起转动，应每转90°测量一次，并记录5个位置的径向位移测量值和位于同一直径两端测点的轴向测量值。

4.为保证项目整体进度，应优先采购设备主装置、需要先期施工的设备以及关键线路上的设备。

【案例38】

1.（1）施工准备中的技术准备和现场准备完成得比较好，资金准备需要改进。

（2）资源配置计划中的劳动力配置计划完成得比较好，物资配置计划需要改进。

2.（1）压力表的数量仅为1块不符合规范要求。压力表的数量应不少于2块，需增加1块压力表。

（2）压力表的安装位置不符合规范要求。压力表应安装在加压系统的第一个阀门后和系统最高点排气阀处。

（3）碳钢管和不锈钢管直接连接会发生电化学腐蚀，不符合规范要求。不同材质的管道的连接应采取防止发生电化学腐蚀的措施，可采用与管道相同材质的过渡件进行连接，或采用与管道相同材质的法兰分别与管道焊接后，再用螺栓连接。

3.（1）对管道环向对接焊缝应进行100%射线检测和100%超声检测；对组成件连接焊缝应进行100%渗透检测或100%磁粉检测。

（2）设计单位对工艺管道系统应进行柔性分析。

4.（1）监理工程师提出整改要求的做法正确。风管板材拼接的接缝应错开，不得有十字形接缝。

（2）加固后的风管可按技术处理方案和协商文件进行验收。

【案例39】

1.在履行材料采购合同中，材料交付时应把握的环节有：材料的交付、交货检验的依据、产品数量的验收、产品质量的检验、采购合同的变更。

2.（1）材料进场时应根据进料计划、送料凭证、质量保证书、产品合格证对材料的数量和质量进行验收。

（2）要求复检的材料应有取样送检证明报告。

3.（1）B公司编制的施工作业进度计划被A公司否定的原因：B公司在编制施工作业进度计划时，未充分考虑给水排水工程和建筑电气工程之间的衔接的逻辑关系，工期安排不合理。

（2）修改后的施工作业进度计划工期为92天。

（3）这种施工作业进度计划表达方式的欠缺之处在于：

①不能反映出工作的逻辑关系；②不能反映出工作所具有的机动时间；③不能明确地反映出影响工期的关键工作、关键线路和工作时差；④不利于施工进度的动态控制；⑤难以适用较大工程项目的进度控制。

4.（1）图28中的水泵安装在运行中会有以下不良后果：

①水泵进水口采用同心异径管，会使水泵工作时进气，产生气蚀破坏水泵叶轮。

②压力表没有设置三通旋塞阀，如果压力表损坏，不方便更换压力表。

（2）B公司返工要求如下：

①水泵进水口的异径接头采用顶平偏心异径管。

②压力表上安装三通旋塞阀。

【案例40】

1.（1）本工程钢导管为镀锌钢导管，镀锌钢导管连接处的两端宜用专用接地卡固定保护联结导体，保护联结导体应为铜芯软导线，截面积不应小于$4mm^2$。

（2）质量检查时，按每个检验批的导管接头数量抽查10%，且不少于1处。

2.（1）施工进度计划协调的内容有各专业之间的搭接关系和接口的进度安排；计划实施中的相互协调配合；设备材料的进场时机。

（2）施工现场交接协调的内容有：机电与土建、装饰专业的交接协调；专业施工顺序与施工工艺的协调；技术协调。

3.（1）本工程的电气照明安装有7个分项工程，分别是配电箱安装、镀锌钢导管明敷、管内穿线、导线连接和线路绝缘测试、灯具安装、开关安装、通电试运行。

（2）线路绝缘测试应使用500伏的兆欧表。

（3）线路绝缘电阻不应小于0.5兆欧。

4.（1）建设单位的维修要求正确。

（2）因A公司在投标中承诺施工期间以免收人工费的方式，对一期工程进行维修，因此，对一期工程的设备及线路进行维修时所发生的材料费由建设单位承担，人工费由A公司承担。

【案例41】

1.（1）项目部在喷砂除锈和底漆喷涂作业中的错误之处：

①在进行喷砂或打磨处理前未用高压洁净水冲洗表面。

②空气湿度大于85%未停止表面处理作业。

③喷砂除锈和底漆喷涂作业时间间隔过长且无保护措施。

（2）经表面除锈处理后的金属，宜进行防腐层作业的最长时间段是4小时以内。

2.排列图法是把影响质量的项目按照从重要到次要的顺序排列，并按累计频率分为A类、B类、C类三类因素，累计频率0～80%的为A类因素，80%～90%的为B类因素，90%～100%的为C类因素。

因此，根据质检员的统计表，按排列图法经计算可知：

A类因素有：返锈、大面积气泡。

B类因素有：局部脱皮。

C类因素有：针孔、流挂、漏涂。

3.（1）返锈、大面积气泡做返工处理；局部脱皮、针孔、流挂、漏涂等做返修处理。

（2）制定的质量问题整改措施还应包括整改时间、整改人员、质量要求，整改完成后按原施工质量验收规范进行验收。

4.（1）底板焊接时不应先焊长焊缝，后焊短焊缝，应先焊短焊缝，后焊长焊缝。

（2）底板焊接时不应采用大的焊接线能量，应采用较小的焊接线能量进行焊接作业。

5.（1）根据赢得值分析法曲线图，项目进度在第60天时，进度偏差$SV=$已完工程预算费用$BCWP-$计划工程预算费用$BCWS=1200-700=500$（万元）>0，因此项目进度在第60天时超了500万元。

（2）若用时间表达，项目进度在第60天时超前了22天，即项目原本计划于第82天完成

1200万元的工程，实际在第60天即已完成此目标，82-60=22（天）。

（3）根据赢得值分析法曲线图，项目进度在第60天时，费用偏差CV=已完工程预算费用$BCWP$-已完工程实际费用$ACWP$=1200-900=300（万元）＞0，因此项目费用在第60天时结余了300万元。

【案例42】

1.工程开工前，需要对项目部职能部门人员、专业技术负责人、主要施工负责人、分包单位有关人员进行项目总体交底。

2.（1）项目部制定的金属风管安装程序，先进行风管绝热，后进行漏风量测试不符合要求，应先进行漏风量测试，后进行风管绝热。

（2）先绝热后进行漏风量测试会导致漏风量测试不能正常进行，需要将绝热工程拆除后才能进行漏风量测试，不但造成了不必要的返工，而且安装好的绝热层也会遭到破坏。

3.（1）本工程风管制作材料为1.0mm、1.2mm的镀锌钢板和角钢，因此风管拼接应采用咬口连接。

（2）风管与风管的连接可采用法兰连接、薄钢板法兰连接。

4.（1）穿墙套管厚度不符合规范要求，当风管穿过需要封闭的防火防爆楼板或墙体时，应设钢板厚度不小于1.6mm的预埋管或防护套管。

（2）聚氨酯发泡封堵不符合规范要求，风管与防护套管之间应采用不燃柔性材料封堵。

（3）防火阀支架设置不符合规范要求，边长或直径大于等于630mm的防火阀应设置独立的支吊架。

【案例43】

1.（1）风险防范对策除了风险规避外还有风险管控、风险转移、风险消减。

（2）该施工单位将运输一切险交由供货商负责属于风险转移。

2.（1）设备采购文件由设备采购技术文件和设备采购商务文件组成。

（2）设备采购评审包括技术评审、商务评审、综合评审。

3.220kV变压器的电气试验项目还有变压器的绝缘油试验、绕组连同套管的交流耐压试验、额定电压冲击合闸试验、变压器的变比测量及相位检查。

4.（1）发电机转子穿装前气密性试验重点检查集电环下导电螺钉、中心孔堵板的密封状况。

（2）发电机转子穿装常用方法还有接轴的方法、用后轴承座作平衡重量的方法、用两台跑车的方法。

【案例44】

1.（1）要求外省施工单位提前审核通过后方可参与投标不合理。

（2）理由：电子招标投标交易平台应当允许社会公众、市场主体免费注册登录和获取依法公开的招标投标信息，任何单位和个人不得在招标投标活动中设置注册登记、投标报名等前置条件限制潜在投标人下载资格预审文件或招标文件。

2.（1）风机盘管机组的现场节能复验应在设备进场时进行。

（2）风机盘管机组的现场节能复验还应复验的性能参数包括风量、功率、噪声。

（3）要求同一厂家的风机盘管机组按数量复验2%且不得少于2台，因此500台同一厂家的风机盘管机组复验数量最少选取10台。

3.（1）排烟风机与混凝土基础之间安装橡胶减振垫，不符合要求，防排烟风机应设在混凝土或钢架基础上，且不应设置减振装置，若排烟系统与通风空调系统共用且需要设置减振装置时，不应使用橡胶减振装置。

（2）排烟风机与排烟风管之间的连接采用长度为200mm的普通帆布短管，不符合要求，防排烟系统的柔性短管必须采用不燃材料。

4.（1）质量保修金=（3000-100+80）×3%=89.4（万元）。

（2）本工程进度价款的结算方式包括定期结算、分段结算、目标结算、竣工后一次性结算、约定结算、结算双方约定的其他结算方式。

【案例45】

1.（1）空调设备安装的进度偏差对后续工作有影响。理由：空调设备安装超出计划6天，大于该项工作的自由时差3天，因此对后续工作的最早开始时间影响3天。

（2）空调设备安装的进度偏差对总工期没有影响。理由：空调设备安装超出计划6天，小于该项工作的总时差8天，因此对总工期没有影响。

（3）空调系统调试采用了技术措施来控制施工进度。

2.（1）通风空调专业的风管、水管与建筑智能化专业的管道、桥架等是否产生干涉。

（2）末端装置的安装位置是否符合要求，是否美观。

（3）管道的交接部位是否连接到位。

（4）设备接线的位置是否与配线位置一致。

（5）为楼宇自控系统提供相关参数，设备订货前与建筑智能化系统承包商协调确认各个信号点及控制点的接口条件。

（6）协调配合电动阀门、风阀驱动器和传感器等的安装。

3.风管矩形内弧形弯头设置导流片的作用是减小风管局部阻力和噪声。

4.（1）管道穿越楼板的钢制套管顶部与装饰面齐平，不符合要求。管道穿越楼板的钢制套管顶部应高出装饰面20～50mm，且不得将套管作为管道支撑。

（2）管道穿越楼板的套管与管道之间的缝隙采用阻燃材料封堵，不符合要求。应采用不燃绝热材料封堵严密。

（3）热水管在下，冷水管在上，不符合要求。冷热水管道上下平行安装时，热水管道在上，冷水管道在下。

（4）冷热水管道与支吊架之间未设置衬垫，不符合要求。冷热水管道与支吊架之间应设置衬垫防止冷桥产生，且应采用不燃与难燃硬质绝热材料或经过防腐处理的木衬垫。

【案例46】

1.（1）E单位突然降价的投标做法不违规。

（2）理由：投标人在投标截止时间前可以补充、修改或者撤回投标文件，且E单位突然降价的投标做法属于投标策略中的投标前突然竞价法。

2.（1）排烟防火阀距离防火墙表面350mm，不符合要求。防火分区隔墙两侧的排烟防火阀距墙表面不应大于200mm。

（2）排烟防火阀没有设置独立的支吊架，不符合要求。排烟防火阀应设置独立的支吊架。

（3）排烟风管采用法兰连接时的法兰垫片的厚度为2mm，不符合要求。排烟风管法兰垫片应为不燃材料且厚度不小于3mm。

（4）法兰连接处的螺栓孔间距250mm，不符合要求。该系统为中压系统，因此法兰螺栓及铆钉间距应小于等于150mm。

3.（1）变配电室内全长45m的金属梯架，由于长度大于30m，因此应至少设置3个连接点与接地保护导体可靠连接。

（2）连接点的位置分别是起始端、终点端、中间位置。

4.（1）虽然采用固定总价合同，但是专用条款约定镀锌钢板价格随市场波动时，镀锌钢板风管制作安装的工程量清单综合单价中，调整期价格与基期价格之比涨幅率超过±5%时，对超出部分进行调整；原计划综合单价为600元/m^2，工程量为10000m^2，施工开始后，调整综合单价为648元/m^2，涨幅为（648–600）÷600×100%=8%，因此应对风管制作安装工程合同价款予以调整。

（2）调整金额为：[648–600×（1+5%）]×10000=18（万元）。

（3）竣工结算价款为：3000+50+18–200–100–90=2678（万元）。

【案例47】

1.（1）在BIM三维模型的基础上融合时间的概念可实现四维施工模拟，避免工期延误。

（2）可以直观地体现施工的界面和顺序，使总承包单位与各专业施工单位之间的施工协调变得清晰明了。

（3）通过四维施工模拟与施工组织方案相结合，使设备材料进场、劳动力配置、机械排版等各项工作的安排变得有效经济；设备吊装方案及一些重要的施工步骤，可以用四维模拟的方式明确地向业主和审批方展示出来。

2.（1）末端试水装置的出水口，直接与排水管连接不符合规范要求，应采用孔口出流的方式进行排水。

（2）末端试水装置的排水立管采用DN50的排水管不符合规范要求，应采用不小于DN75的排水管。

（3）该末端试水装置漏装了试水接头及排水漏斗。

3.B公司未完成的调试工作还有水源测试、排水设施调试。

4.联动试验除A公司外，还应参加的单位有B公司、建设单位、监理单位、设计单位、设备供应单位。

【案例48】

1.电梯安装前，项目部在书面告知时应提交的资料有《特种设备安装改造维修告知单》、电梯制造单位的资质证件、施工单位及人员资格证件、安装监督检验约请书、施工组织与技术方案、工程合同。

2.电梯安装前，所有厅门预留孔洞必须设有高度不小于1200mm的安全保护围封，并保证有足够的强度，保护围封下部应有高度不小于100mm的踢脚板，并采用左右开启方式，不能上下开启。

3.（1）电梯工程开工时间为3月18日，电梯安装准备、机房和井道的检查验收、电梯设备进场验收、基准线安装等工作用了14天，并于4月1日开始正式安装，截止到4月21日消防电梯竣工验收，总计14+21=35（天），故消防电梯从开工到验收合格用了35天。

（2）电梯工程开工时间为3月18日，电梯安装准备、机房和井道的检查验收、电梯设备进场验收、基准线安装等工作用了14天，并于4月1日开始正式安装，截止到5月30日电梯安装工程竣工验收交付业主，总计14+60=74（天），合同工期是90天，所以电梯安装工程比合同工期提前了16天。

4.电梯安装后应进行运行试验，轿厢分别在空载、额定载荷工况下，按产品设计规定的每小时启动次数和负载持续率各运行1000次（每天不少于8h），电梯应运行平稳、制动可靠、连续运行无故障。

【案例49】

1.（1）本工程冶金桥式起重机的安装应编制危大工程专项施工方案。

（2）该专项施工方案编制后，应当通过施工单位审核和总监理工程师审查，再由施工单位组织召开专家论证会对专项施工方案进行论证，论证通过后才能实施。

2.施工单位承接本项目应具备压力管道安装许可资格、起重机械安装许可资格。

3.（1）影响富氧底吹炉砌筑的主要质量问题有错牙和三角缝，累计频率是80.6%。

（2）找到质量问题的主要原因之后要做的工作是评审处置质量问题，需要对质量问题进行处理的，要制定纠正措施，并根据质量问题的范围、性质、原因和影响程度，确定处置方案，经建设单位、监理单位同意并批准后组织实施。

4.（1）直立单桅杆吊装系统由桅杆、缆风系统、提升系统、拖排滚杠系统、牵引溜尾系统等组成。

（2）卷扬机走绳的安全系数不小于5，缆风绳的安全系数不小于3.5，起重机捆绑绳的安全系数不小于6。

5.（1）氧气管道的酸洗钝化工序内容有脱脂去油、酸洗、水洗、钝化、水洗、无油压缩空气吹干。

（2）氧气管道采用氮气进行压力试验的试验压力应为设计压力的1.15倍，即1.15×0.8＝0.92（MPa）。

【案例50】

1.业主对进口设备选择公开招标采购方式，承包企业对管道主材选择公开招标采购方式，对非关键设备和物资选择询价采购方式（邀请报价采购方式）。

2.采购设备、材料时项目管理的任务包括：对采购工作进行策划，制订采购计划、询价计划；询价，包括取得报价单、标书、要约或订约提议；商家选择；合同管理；合同收尾。

3.属于项目采购管理的内容。邀请工程专家对现场出现的材质问题进行论证属于服务采购。

4.（1）监理工程师下达停工令是正确的。

（2）合同约定进口阀门由业主提供，承包商自行采购是不允许的。若要自行采购需要履行以下工作程序：①采购前应经过业主同意履行批准手续；②请设计部门履行变更程序；③阀门进场时填报验收单；④在监理单位检查确认后进行安装。

5.承包商自行采购阀门时，采购合同履行的环节包括：到货检验；损毁、缺陷、缺少的处理；监造；施工安装服务；试运行服务等。

在采购方面会面临以下失控风险：订立合同前供货商选择失误的风险；阀门生产过程无法监造的风险；阀门包装运输过程中监督不力的风险；阀门交付验收的风险。

【案例51】

1.（1）施工方案中的工序质量保证措施主要有制定工序控制点、明确工序质量控制方法。

（2）工程施工前，由施工方案编制人员向施工作业人员进行施工方案交底。

2.（1）图35中电动机接线方式为三角形连接。

（2）电动机干燥时，施工单位使用水银温度计测量温度不符合要求，因此被监理叫停。

（3）电动机干燥时，施工单位应使用酒精温度计、电阻温度计或温差热电偶测量温度。

3.（1）电动机试运转中还应检查的项目有：换向器、滑环及电刷的工作情况应正常；振动不应大于标准规定值；电动机第一次启动在空载情况下进行，空载运行时间2h，并记录空载电流。

（2）在电源侧或电动机接线盒侧任意对调两根电源线即可改变电动机转向。

4.（1）到达现场的设备在检查验收合格后，应及时办理入库手续，对所到设备分别存储，并进行标识。

（2）对露天保管的设备应经常检查，采取防雨、防风措施，如搭设防风雨棚。

【案例52】

1.四维（4D）施工模拟的作用：

（1）在BIM三维模型的基础上融合时间概念可实现四维模拟，避免施工延期。

（2）可以直观地体现施工的界面、顺序，使总承包与各专业施工之间的施工协调变得清晰明了。

（3）通过四维施工模拟与施工组织方案的结合使设备材料进场、劳动力配置、机械排版等各项工作的安排变得更为有效、经济。设备吊装方案及一些重要的施工步骤，都可以用四维模拟的方式很明确地向业主、审批方展示出来。

2.施工组织设计至少还应有的内容：质量保证体系及措施；环境保护、成本控制措施；合同当事人约定的其他内容。

3.机电工程项目的特点：设计的多样性、工程运行的危险性、环境条件的苛刻性。机电工程项目建设的特征：设备制造的继续，工厂化、模块化，特有的长途沿线作业。

4.为推进机电工程工业化，把安装行业的技术、管理提高到一个新的高度和新的水平，在项目上应从以下方面着手：

利用信息技术的手段进行信息化管理，推行建筑信息模型、云计算、大数据、物联网先进技术的建设和应用，充分利用和整合优势资源，应用BIM技术、仿真技术、优化技术、虚拟建造技术，积极推广应用建筑业新技术，切实提高项目信息化管理的效率和效益，提高建造质量、确保施工安全、降低工程成本、缩短施工工期，提升项目管理的水平和能力，把安装行业的技术、管理提高到一个新的高度和新的水平。

【案例53】

1.（1）从电子招标投标交易平台获取招标文件的过程中，该省强行设置投标报名的前置条件限制外省施工企业A下载招标文件是不妥当的。

（2）理由：根据《电子招标投标办法》的规定，任何单位和个人不得在招标投标活动中设置注册登记、投标报名等前置条件限制潜在投标人下载资格预审文件或者招标文件。

2.投标担保可以采用投标保函或者投标保证金的方式，可使用银行保函、支票、银行汇票、现金等方式缴纳。

3.根据招标文件中评标办法的规定，计算三家投标企业的商务标得分和最终加权得分：

（1）商务标的评标基准价为：

$M=$（8600+8100+7600）÷3=8100（万元）。

（2）A、B、C企业的商务标差异值：

$\beta_1=$（8600–8100）÷8100×100%=6.17%，查表得分为：65分。

$\beta_2=$（8100–8100）÷8100×100%=0，查表得分为：100分。

$\beta_3=$（7600–8100）÷8100×100%=–6.17%，查表得分为：88分。

最终加权得分=M1×A1+M2×A2，计算并填入表。

评分汇总及得分换算表

评审内容	标准分	分值代号	权重	A企业		B企业		C企业	
				标准得分	加权得分	标准得分	加权得分	标准得分	加权得分
技术部分	100	M1	40%	50	20	56	22.4	45	18
商务部分	100	M2	60%	65	39	100	60	88	52.8
最终加权得分合计					59		82.4		70.8

4.（1）B企业技术标中的供电系统优化设计方案具有合理性。

（2）理由：《民用建筑电气设计标准》（GB 51348—2019）第4.2.1款规定，变配电所应深入或靠近负荷中心，本案例该工程负荷中心就是主生产线附近，这样供电母线、电缆的长度可以减少，电压损失较少，电气元器件规格相应减小，供电效率高，可有效降低工程总投资。

5.电子招标投标系统根据功能的不同，分为交易平台、公共服务平台和行政监督平台。

【案例54】

1.（1）在原计划中如果按照先工作E后工作G组织吊装，塔吊应安排在第91天投入使用可使其不闲置。

（2）理由：因为工作G第121天开始吊装，因此，为使塔吊连续作业不闲置，只需要使工作E在第120天结束吊装即可，由于工作E的持续时间为30天，因此工作E应自第91天开始进行吊装作业，即塔吊应安排在第91天投入使用可使其不闲置。

2.（1）工作B停工20天后，施工单位提出的计划调整方案可行。

（2）理由：工作E和工作G共用一台塔吊，工作B延误20天后，先进行工作G吊装，工作G第165天（45+75+45）完工，因此工作E的工期延误天数为90天（165–75）；由于工作E的总时差为95天（45+75+45+105–75–30–70），因此工作E的工期延误天数小于总时差，故不会影响总工期，计划调整方案可行。

3.（1）塔吊专项施工方案在施工前应由机电工程公司单位技术负责人、项目总监理工程师签字。

（2）塔吊选用除了考虑吊装载荷参数外，还应考虑的基本参数：额定起重量、最大幅度、最大起升高度。

4.汽轮机轴系对轮中心找正除轴系联结时的复找外，还包括轴系初找、凝汽器灌水至运行重量后的复找、气缸扣盖前的复找、基础二次灌浆前的复找、基础二次灌浆后的复找。

【案例55】

1.A公司中标的工程项目包含：设计、设备及材料采购、土建和安装施工、试运行直至投产运行（无负荷试运行、负荷试运行直至达产达标交钥匙）。

2.国际机电工程总承包除项目实施中的自身风险外，还存在政治风险、财经风险、法律风险、市场和收益风险、不可抗力风险。

3.根据对背景资料的分析可知：

（1）当地发生短期局部战乱，工期延误30天，窝工损失30万美元，可索赔30天的工期。

（2）进度款多次拖延支付，影响工期4天，经济损失（含利息）40万美元，可索赔4天的工期和40万美元的费用。

（3）遭遇百年一遇的大洪水，直接经济损失20万美元，工期拖延10天，可索赔10天的工期。

因此，可索赔的工期是30+4+10=44（天）；可索赔的费用是40万美元。

4.不合理。理由：金属接地极可采用镀锌角钢、镀锌钢管、铜棒或铜排等金属材料制作，镀锌角钢符合中国规范，业主的要求属于提高标准。

处理方法：双方协调后继续按照A公司方案施工；如果按照业主要求必须使用铜棒作为接地极，业主应补材料价差和其他损失。

5.负荷试运行应符合的标准：

（1）生产装置连续运行，生产出合格产品。

（2）负荷试运行的主要控制点正点到达，装置运行平稳、可靠。

（3）不发生重大设备、操作、人身事故，不发生火灾和爆炸事故。

（4）环保设施做到"三同时"，不污染环境。

（5）负荷试运行不得超过试车预算，达到预期的经济效益指标。

【案例56】

1.（1）送达施工现场的不锈钢阀门应进行壳体压力试验和密封试验。

（2）阀门试验以洁净水为介质，水中氯离子的含量不超过25ppm；阀门壳体压力试验的试验压力为阀门在20℃时最大允许工作压力的1.5倍，密封试验为阀门在20℃时最大允许工作压力的1.1倍，试验持续时间不少于5min。

2.不锈钢管道焊接后的检验内容：外观检查、无损检测、强度试验、致密性试验。（强度试验和致密性试验也可称为压力试验和严密性试验）

3.（1）项目部可以向建设单位要求38万元的工期提前奖励。

（2）理由：因为合同开工时间为3月1日，建设单位在9月21日擅自使用，以占有建设工程之日（9月21日）为竣工日期，所以本工程实际工期是205天，合同工期是214天，工期提前9天；此外由于B公司的原因导致A公司项目部开工时间延后10天，因此，A公司可向建设单位申请10天的工期索赔。综上，A公司总计提前19天完成工程，折合成费用为每天2万元，总计38万元。

4.（1）由于本工程的质量问题是A公司造成的，因此由A公司负责修理并承担费用。

（2）保修证书的内容主要包括：工程简况，设备使用管理要求，保修范围和内容，保修期限，保修情况记录，保修说明，保修单位名称、地址、电话、联系人。

【案例57】

1.合同条款中的不妥之处如下：

（1）"施工单位不再承担因施工方案不当而引起的工期延误和费用增加的责任"不妥。

（2）"供施工单位施工时参考使用"不妥。

（3）"检验如果不合格……工期应予顺延"不妥。

（4）"建设单位工程师代表在接到报告的7天内按施工单位提供的实际完成的工程量报告核实工程量（计量）"不妥。

2.针对合同条款中的不妥之处改正如下：

（1）施工单位按监理工程师批准的施工组织设计（或施工方案）组织施工，不应承担非自身原因引起的工期延误和费用增加的责任。或者，施工单位按监理工程师批准的施工组织设计（或施工方案）组织施工，也不应免除施工单位应承担的责任。

（2）保证资料（数据）真实、准确，作为施工单位现场施工的依据。

（3）工期不予顺延。

（4）建设单位工程师代表应按设计图纸对质量合格的已完工程量进行计量。

3.施工方案的编制内容主要包括工程概况、编制依据、施工安排、施工进度计划、施工准备与资源配置计划、施工方法及工艺要求、质量安全环境保证措施等。

4.（1）工程开工前，施工组织设计的编制人员向现场施工管理人员作施工组织设计的交底。

（2）施工组织设计交底内容包括：工程特点、难点；主要施工工艺及施工方法；施工进度安排；项目组织机构设置与分工；质量、安全技术措施。

5.规划管道工厂化预制场地要求如下：

（1）预制场地的确定：根据工程规模、工艺流程、选定的设备情况，进行预制场地的选址、需用面积的确定，并合理布置设备。

（2）预制模块的布置：根据连接方式的不同，选择相应规模的预制场地进行预制模块的布置。

（3）预制设备的定位布置：根据各功能模块的需求，进行预制设备的定位布置，确定操作工位，形成流水生产线。

【案例58】

1.项目部主要采取了下列施工成本控制措施：

（1）人工费成本控制措施：采取劳动定额管理，实行计件工资制。

（2）工程设备成本控制措施：控制设备采购。

（3）工程材料成本控制措施：在量和价两个方面控制材料采购。

（4）施工机械成本控制措施：控制施工机械租赁。

2.（1）项目部编制的施工进度计划被安装公司否定的主要原因在于制冷剂灌注与系统压力试验顺序错误，应先进行系统压力试验，合格后再进行制冷剂灌注。

（2）制冷剂管道安装完毕，检查合格后，在制冷剂灌注前应进行系统管路吹污、气密性试验、真空试验和充注制冷剂检漏试验。

3.监理工程师要求项目部整改的要求合理，理由如下：

（1）柔性短管的长度宜为150～250mm。

（2）矩形柔性短管与风管连接不得采用抱箍固定。

（3）柔性短管与法兰组装采用压板铆接连接，铆钉间距宜为60～80mm。

4.（1）安装公司应提交工程竣工报告；设计单位应提交工程质量检查报告；监理单位

应提交工程质量评估报告。

（2）设计单位需完成竣工图纸。

（3）安装公司需出具工程保修证书。

【案例59】

1.（1）根据表21计算的总工期为60+70+20+10=160（天）。

（2）电气安装滞后10天对总工期无影响，因为电气安装滞后不属于关键工作，且电气安装滞后的时间小于电气安装工作的总时差90天；调试滞后3天影响总工期，且将导致总工期延误3天，因为调试工作属于关键工作。

2.（1）设备采购前的综合评审除考虑供货商的技术和商务外，还应从质量、进度、费用、厂商执行合同的信誉、同类产品的业绩、交通运输条件等方面进行综合评价。

（2）设备施工现场验收程序：①设备施工现场验收应由业主、监理、生产厂商、施工方有关代表参加。

②进场后对设备包装物的外观检查，要求按进货检验程序规定实施。

③设备安装前的存放、开箱检查，要求按设备存放、开箱检查规定实施。

④设备验收的具体内容，结合现场的实际，按规定的验收步骤实施。

3.电气队对成套配电装置的整定还应补充以下内容：

（1）过负荷告警整定：过负荷电流元件整定、时间元件整定。

（2）零序过电流保护整定：电流元件整定、时间元件整定、方向元件整定。

（3）过电压保护整定：过电压范围整定、过电压保护时间整定。

4.设备运转调试检验要求如下：

（1）设备的调试和运转应按制造商的书面规范逐项进行。

（2）所有待试的动力设备，传动、运转设备应按规定加注燃油、润滑油脂、液压油、冷却液等。

（3）相关配套辅助设备均处于正常状态。

（4）记录有关数据形成运转调试检验报告。

【案例60】

1.（1）送达施工现场的不锈钢阀门应进行壳体压力试验、密封试验、光谱分析试验。

（2）不锈钢阀门进行试验应以洁净水为试验介质，水中氯离子含量不超过25ppm，试验温度宜为5~40℃。

2.施工单位在压力管道安装前未履行书面告知手续的，责令限期改正，逾期未改正的，处1万元以上10万元以下罚款。

3.（1）A安装公司项目部应得到工期提前奖励。

（2）奖励金额是12万元。

（3）理由：事件1，由于B建筑公司的原因，土建工程延期10天交付给A公司，导致A公司开工时间延误10天，且必然影响总工期，此外该事件的发生不属于A公司的责任，因此可以索赔10天；事件2，因供货厂家原因，订购的不锈钢阀门延期15天到达现场，属于A公司自身原因，不可索赔。因此可以索赔的工期是10天，即算上可索赔的工期应在10月10日完工，该工程实际完工时间为10月4日，提前6天，因此A公司项目部应得到的工期提前奖励金额为6×2=12（万元）。

4.（1）建设工程的保修期应自竣工验收合格之日起开始计算。在建设工程未经竣工验收的情况下，发包人擅自使用的，以建设工程转移占有日为竣工日期，因此该工程的保修期应从10月4日起算。

（2）工程保修的工作程序：

①工程竣工验收的同时，由施工单位向建设单位发送机电安装工程保修书。

②建设单位或用户发现使用功能不良，或是由于施工质量而影响使用，可以口头或书面方式通知施工单位派人前往检查修理。

③施工单位必须尽快派人前往检查，并会同建设单位作出鉴定，提出修理方案，并尽快组织人力、物力，按用户要求的期限进行修理。

④修理完毕后应在保修证书的"保修记录"栏内做好记录，经建设单位验收签认。